LA DIFUSIÓN

UN FUNDAMENTO FÍSICO DE LA FISIOLOGÍA

LA DIFUSIÓN

UN FUNDAMENTO FÍSICO DE LA FISIOLOGÍA

AUTORES:

Dr. Israel Jesús García Guirado.

Ing. Emilio Jesús Sánchez Patino. (✝)

Lic. Nicolás Sotelo Rodríguez.

DEDICATORIA

Este libro está dedicado a los residentes de Ciencias Biomédicas y en especial a los fisiólogos. Pero puede resultar de utilidad a todos aquellos interesados en la Físico-Química de los organismos, vivos.

CONTENIDOS

PRÓLOGO 2023

Cumplidos los 70 años, después de mi retiro laboral, estaba dando un poco de orden a mi biblioteca, cuando me tropecé con este viejo manual que escribí con dos grandes amigos y colegas de muchos avatares de trabajo, allá por la década de los 80 del siglo XX. Uno de ellos, el ingeniero, murió en el año 1997, en su natal ciudad de Holguín por una crisis hipertensiva en medio del "período especial" que atravesaba nuestro país.

Del profesor de física y gran metodólogo, nos vimos por última vez durante mi visita a Buenos Aires en el 2001 por un congreso de neurorrehabilitación donde yo presentaba un proyecto de rehabilitación integral de la encefalopatía hipóxica. En esa ocasión me comentó que estaría viviendo en el Rosario, pero luego no he sabido más nada de él, ojalá nos encontremos otra vez en esta vida, para darle personalmente la noticia de esta publicación, ahora como libro, de aquel manual, que juntos hicimos en tan lozana juventud, cuando estábamos llenos de ideas y pensando en poner un granito de arena que ayudase a construir un futuro mejor.

Contando con un ejemplar, de los que se imprimieron en 1989 (bastante corregido manualmente), me di a la tarea de revisarlo y hacerle nuevas correcciones, sobre todo en las fórmulas matemáticas, así como, añadirle algunas ilustraciones y eliminar muchísimos errores tipográficos, mejorándole algunos pequeños detalles de redacción. Me pareció que intentar darle una actualización al texto le haría perder el espíritu con que fue escrito. De cualquier manera, nada de lo que se muestra es material obsoleto y logra su objetivo de exponer, una manera de ver, con rigor y además en forma amena, los aspectos de la difusión, como fundamento físico de la fisiología.

La única cuestión que encontré, innecesaria conservar, fue un apéndice con conceptos muy básicos del cálculo matemático. Es que hoy en día, están al alcance de la mano por internet. En las referencias enumeradas al final, se apreciará en el libro, la influencia de la ciencia soviética de aquella época. Por cierto, este texto recibió una mención en el V Concurso de Medios de la Enseñanza del Ministerio de Enseñanza Superior. Categoría: postgrado.

Para los que les guste el tema, creo les va a resultar interesante y ameno, le deseo de todo corazón que lo disfruten.

Dr. Israel J García Guirado

Agosto 2023

A MODO DE PRÓLOGO (Edición ligera 1989)

De los privilegios, la suerte y las desgracias de los autores.

Escribir un libro tiene sus privilegios, los autores tienen la oportunidad de conocer los diversos criterios, polémicas y condiciones históricas acerca de las hipótesis, teorías y tesis relacionadas con los fenómenos que se van a tratar; el resumir de alguna manera lo revisado, puede ser por sí solo, de utilidad a los lectores, pero a nosotros, los propios autores, nos permite incrementar nuestro caudal de conocimientos, y en el inevitable proceso de interpretación y síntesis de la información a la luz del enfoque multidisciplinario, nos surgen nuevas ideas y se nos facilita el camino para alcanzar un nivel superior en la espiral del conocimiento.

Nuestro país, en estos momentos, se ha sumido por entero a una noble tarea, hacer de Cuba una potencia médica, esto es un compromiso de honor, ante todos los trabajadores de la Salud Pública, pero de manera especial de los que tienen la responsabilidad de formar las nuevas generaciones de médicos, los docentes de las ciencias biomédicas; para ellos se escribe este libro.

Pedro Baeza, un eminente profesor cubano de Fisiología, decía: *"La Fisiología es la medicina misma"*; pero ni siquiera el fisiólogo aprende más de la función del cuerpo humano estudiando más medicina; para encontrar las causas esenciales de los procesos fisiológicos, hay que dialogar y escuchar a las ciencias exactas y sobre todo … a la Física.

Entonces jugó su papel la suerte, el azar quiso que nos reuniéramos con las mismas inquietudes y en condiciones excepcionales, un fisiólogo, un ingeniero y un físico; pero, además, que decidiéramos hacer una pequeña investigación con los estudiantes de medicina, sobre las interrelaciones entre la Física y la Fisiología; vistas a través de la opinión del propio estudiante.

En nuestro resultado encontramos, que el conocer los aspectos de la Física relacionados con la Fisiología facilita al estudiante la compresión de sus contenidos. Una realidad que tiene su origen en el propio surgimiento histórico de la Fisiología, o como se le conocía antiguamente, Física Biológica. Así surgió la idea de esbozar algunos de los aspectos de la Física relacionados con la Fisiología, que resultarán de utilidad a los profesores de Ciencias Médicas y en particular a los docentes nóveles de Fisiología; para explicar en una forma más sólida y comprensible su asignatura a los estudiantes.

Intentarlo no fue fácil; aquí empiezan las desgracias de los autores; si para el surgimiento de la idea se dieron condiciones especiales, para realizarla hubo que crearlas.

Comenzó entonces una etapa de lucha.

Este modesto libro no fue escrito a ratos o en momentos de ocio, es el fruto del sacrificio de nuestro descanso, de largas jornadas de trabajo y noches de desvelo, pero a pesar de este esfuerzo, la falta de tiempo nos jugó una mala pasada esta vez. No conseguimos todo lo que nos proponíamos al comenzar su redacción, pero nos sentimos en parte satisfechos porque hemos comprendido lo que no sabíamos, que debíamos saber, y lo que creíamos saber, que ahora debemos aprender.

Los privilegios, la suerte y las desgracias de los autores permitieron que cristalizara este enfoque multidisciplinario que aspiramos no solamente resulte provechoso y asequible al lector, sino, además, que sea una fuente de motivación para que se hagan intentos de esta índole.

Para tratar de brindar una lectura amena y evitar que la dureza del rigor de las ecuaciones matemáticas hiciese decaer la atención del lector, se ha intentado en el texto conjugar las demostraciones físico-químicas con el lenguaje anecdótico, los ejemplos elocuentes y las analogías conceptuales. Este estilo es un viejo recurso, pero dejemos que sea su maestro Esopo quien lo ilustre:

Démades, famoso orador griego, hablaba un día en la asamblea de los atenienses sobre un asunto de la mayor importancia; pero no conseguía atraer la atención del auditorio, porque riéndose los unos, otros prestando oído a la riña de los muchachos, y entretenidos todos con los mil incidentes de la plaza, ninguno atendía con verdadero interés al hilo del discurso. El orador, entonces, habló de esta manera:

Un día caminaba Ceres acompañada de una golondrina y una anguila

Todos callaron y escucharon, y Démades continuó su discurso con estas palabras:

Juntas llegaron a la orilla de un río; y mientras la anguila lo pasaba a nado, la golondrina lo pasaba al vuelo.

El orador continuó después las cláusulas de su arenga como si nada hubiese intercalado; pero al final… Continuará….

CAPITULO I
EL AGUA Y LA VIDA

"Por aquel país, hasta de las piedras del camino, salían los manantiales; pero en el palacio no había agua. La gente del palacio se lavaban las manos con cerveza y se afeitaban con miel. "Más adelante encontraron un arroyo, y se detuvieron a beber porque era mucho el calor. Yo quisiera saber-dijo Meñique-de donde sale tanta agua en un valle tan llano como este. —¡Grandísimo pretencioso! — dijo Pablo—; que en todo quiere meter la nariz.
—¿No sabes que los manantiales salen de la tierra? —
—Yo voy a ver de dónde sale esta agua…"
—¿Le parece a mi rey, que este pozo es bastante hondo? —
—Es hondo; pero no tiene agua. — Agua tendrá —dijo Meñique …"
Pasaje del "Cuento de Magia donde se relata la historia del sabichoso Meñique, donde"el saber vale más que la fuerza.".
José Martí. La Edad de Oro.

En 1970, los astrofísicos descubrieron, con ayuda de un radiotelescopio, unas ondas radioeléctricas cortas, extrañas, de 1,35 cm de longitud, que provenían del cosmos. Resultó que la fuente de esta radiación eran gigantescas nubes en las constelaciones de Orión, Casiopea y algunas otras de nuestra galaxia. El cálculo teórico demostró que esa radiación pertenece... *al agua*.

El 18 de octubre de 1967, la estación automática "Venera-4" determinó que la atmósfera de Venus contiene cerca del 1% de vapor de agua.

Durante muchos años los astrónomos observaban reiteradamente en el planeta Marte unas ráfagas brillantes enigmáticas. Los científicos soviéticos establecieron que las mismas son producidas por la reflexión de los rayos solares en los cristales de hielo que se encuentran en la atmósfera de Marte. Posteriormente, fue confirmado por espectroscopía trazas de vapor de agua en la atmósfera de este planeta.

También los astrónomos han descubierto que en Júpiter continuamente tiene lugar extraordinarias tormentas y huracanes. Allí debe llover y nevar como en la tierra, es decir, precipitarse agua. Muchos científicos consideraron que en la atmósfera de Júpiter existen condiciones favorables para al origen de la vida.[1]

¿Por qué cuando un astrónomo orienta su telescopio para observar algún planeta vecino siempre le preocupa si allí hay agua?

Es precisamente el agua la que conformó la tierra, haciéndola tal y como la conocemos ahora, y en la que se engendró la vida. En nuestro planeta no existe vida sin agua. Es más, el

---

[1]En los primeros 23 años del siglo XXI hay confirmación de que hubo presencia de agua en Marte y han encontrado sus rastros también en la Luna

agua es la sustancia más asombrosa de la tierra y cuanto más la estudiamos, tanto más nos sorprende.

El agua ocupa las tres cuartas partes de la superficie terrestre; cerca de la quinta parte de la tierra firme está cubierta con hielo y nieve, y la mitad está cubierta de nubes. El agua es tan común, que más del 70% del cuerpo humano se compone de agua. El agua es el disolvente universal por excelencia y tiene propiedades físicas «anómalas», entre las que se destacan su punto de fusión y ebullición, los cuales no se corresponden con los que debía tener, de acuerdo con las predicciones del Sistema Periódico; posee una elevadísima tensión superficial y al congelarse en vez de contraerse se dilata, por lo que paradójicamente el hielo flota en el agua.

El agua en el organismo (endógena), tiene una estructura ordenada, parecida a la estructura cristalina del hielo. El protoplasma de la célula y el líquido intersticial están rellenos de numerosos *"tempanitos de hielo"*. *¡Nuestro organismo «congela» una parte considerable del agua que contiene!*

El agua de fusión, obtenida al derretirse un pedazo de hielo, mantiene durante largo período de tiempo a sus moléculas ordenadas según la estructura cristalina del hielo, aun cuando la temperatura se eleve hasta 30 °C. Debido a este hecho, la actividad química del agua de deshielo parece aumentar. A esta agua por su similitud con el agua endógena se le denomina ***"agua viva"***, atribuyéndosele propiedades medicinales, ya que estaría más apta para combinarse con diferentes sustancias en el interior del organismo.

SISTEMAS COLOIDALES.

DEL MOVIMIENTO BROWNIANO A LA DIFUSIÓN.

Thomas Graham, en 1961, estudiando las condiciones de dilución de los líquidos miscibles, observó que las disoluciones de cuerpos cristalizables penetran rápidamente en el agua, mientras que las constituidas por cuerpos que carecen de esta propiedad la penetran lentamente. Si entre los líquidos que se tratan de mezclar, se interpone una membrana porosa y este diafragma es únicamente atravesado por las materias cristalizables, estamos en presencia de un proceso que, el propio Graham, denominó DIÁLISIS.

A las sustancias que atraviesan ciertas membranas, Graham las nombró cristaloides y las que no atravesaban esas membranas las llamó coloides. Pero verdaderamente lo que diferencia una solución coloidal de una cristaloide es, la dimensión de las partículas dispersas en el seno del solvente (es decir, las partículas constituyen la denominada *fase dispersante* y el solvente la *fase dispersa*). Los coloides no son, pues, determinadas sustancias, sino un estado físico especial que pueden adoptar muchos cuerpos, por ejemplo, el cloruro de sodio disuelto en agua se comporta como un cristaloide, mientras mezclado con benceno da una solución coloidal.

El citoplasma de la célula es una solución coloidal; así como, la mayoría de los líquidos biológicos son sistemas de soluciones coloidales de los siguientes tipos: *líquidos dispersados* entre otros, líquidos inmiscibles y *líquidos en sólido* y *sólidos en líquidos*.

Los coloides *líquidos en líquido*, y *sólido en líquido* pueden ser, a su vez, hidrófilos (que atraen agua), e hidrófobos (que repelen agua); la proporción normal de ambas clases de

4

coloides en el plasma sanguíneo, representados por las albúminas, contribuyen al mantenimiento de la presión oncótica en la sangre.

Las soluciones coloidales pueden tener aspecto de líquidos, denominándose a este estado, estado de SOL, mientras que, si se asemejan más a un material sólido, se dice que están en estado de GEL.

Las micelas, son partículas dispersas que se mantienen en el seno del solvente en movimiento constante, tanto más rápido, cuanto menor sea su tamaño. El así llamado movimiento browniano de las micelas, sirve como una de las demostraciones más convincente de la realidad del movimiento de las moléculas.

El botánico inglés Robert Brown, en 1827, examinando al microscopio la constitución interna de las plantas, observó partículas diminutas, suspendidas en el jugo de las plantas, que estaban en movimiento continuo. Posteriormente, añadió granos de polen a una gota de agua y observó similar movimiento; el botánico se interesó en saber que fuerzas obligaban a las partículas a moverse. Se preguntó ¿serán seres vivientes? Entonces añadió, diminutas partículas de arcilla y otros objetos microscópicos, pero incluso estas, que sin duda no eran seres vivos, no estaban en reposo; cuanto menor eran las partículas, tanto más se movían. Largo tiempo observó, pero no llegó a ver el fin del movimiento de las partículas en el agua, como si alguna fuerza invisible las empujase constantemente. Brown estableció que tales movimientos no se originaban en las corrientes presentes en los líquidos y tampoco se producían por los fenómenos de la evaporación gradual, sino que pertenecían a las partículas.

Posteriormente, experimentos especiales han demostrado que el carácter del movimiento browniano depende de las propiedades del líquido o del gas en que están suspendidas las partículas (*fase dispersante*), y no depende de las mismas propiedades de las partículas añadidas (*fase dispersa*). La velocidad de este movimiento caótico y desordenado de las partículas crece con la disminución del tamaño de las partículas dispersas y con el aumento de la temperatura. *El movimiento browniano no es más que el movimiento térmico de las partículas.*

El CALOR depende del movimiento interno de las partículas de la sustancia. Así, el cuerpo es tanto más caliente, cuanto más intensamente se muevan las partículas de que se compone, del mismo modo que una campana suena más fuertemente, cuanto más intensas sean sus vibraciones.

Todo resulta más fácil de explicar, si admitimos que los movimientos de las partículas en suspensión se originan a consecuencia de los choques que sufren por parte de las moléculas en movimiento de los líquidos o gases (*fase dispersante*) en que se encuentran.

Pero los átomos actúan mutuamente unos sobre otros, y de este modo, la *energía interna* del cuerpo es igual a la suma de la *energía cinética* de sus partículas y la *energía potencial* de su interacción; es decir, *la energía del movimiento térmico de las partículas* que se queda en el cuerpo en reposo y *la energía de interacción*.

Entonces, *la Temperatura se Interpreta como la medida de la energía cinética media de las partículas de un cuerpo.*

En 1905, Albert Einstein publicó, junto a sus trabajos sobre la Teoría de la Relatividad y el Efecto Fotoeléctrico, un artículo donde él buscaba un fenómeno que demostrara con suficiente claridad la estructura atómica de la materia, donde incluso, el más grande escéptico quedara convencido. Así él previno y describió el fenómeno del movimiento browniano.

El agua o cualquier otro medio (*fase dispersante*), al cual son arrojadas las partículas brownianas (*fase dispersa*), está constituida por "cuantos elementales" de materia en movimiento constante, que impulsan a dichas partículas. De esta forma, *el movimiento browniano constituye una magnificación de la inquietud de las partículas de la fase dispersante*. Así se podría ver a través de un microscopio y comprender, por ejemplo, la estructura granular del agua, observando el resultado del bombardeo o choques constantes de sus partículas con las partículas brownianas.

La teoría formulada por Einstein sobre el movimiento browniano, dio lugar a experimentos que permitieron determinar la masa de las partículas que ejercen el bombardeo (*fase dispersante*) y el coeficiente de fricción de la partícula browniana. Así, la difusión queda íntimamente relacionada con el movimiento browniano; más bien, se puede considerar que, *las partículas o las moléculas de una sustancia difunden por su movimiento browniano*.

"El fenómeno de la difusión consiste en un proceso dinámico universal, donde se mezclan por sí solas unas sustancias dentro de otras, en cualquiera de sus estados físicos".

En medio de nuestro "océano personal", dotado del más universal de los solventes, el agua, transcurren continuamente los procesos de la difusión, que bajo un riguroso control celular determinan la vida; sin ese control, la propia difusión engendra la muerte. Por eso puede decirse que, *la difusión es, en realidad, la dinámica de la vida*.

En la difusión, las sustancias tenderán espontáneamente a pasar de una fase donde su *concentración* y *potencial químico* sean más elevados, hacia una fase donde la solución sea más diluida y el *potencial químico* sea más bajo.

Consideremos un experimento físico sencillo para ilustrar el fenómeno de la difusión de un sólido en un líquido. Tomemos un cristal de permanganato de potasio y dejémoslo caer suavemente en el fondo de un recipiente con agua, se establecerá de inmediato un proceso de difusión entre la fase del permanganato y la del agua, así las moléculas de permanganato ¡difundirán!, desde donde es mayor su *potencial químico* hacia aquellas regiones donde este es menor.

El *gradiente de potencial químico* que se establece entre las fases, representa la causa energética y es, en realidad, la fuerza impulsora de la difusión, mientras que el propio proceso de la difusión se efectúa por el movimiento browniano, es decir, por el propio movimiento térmico de las moléculas, el cual está dirigido al desorden. Así, el aumento de la tendencia al desorden en el sistema (aumento de la *entropía*), dado por la diferencia de *potencial químico* entre las fases que difunden, determina la dirección termodinámica del proceso de la difusión.

UN ENFOQUE ENERGÉTICO DE LA DIFUSIÓN.

La termodinámica nos permite el análisis energético de los fenómenos a través del estudio de la interrelación entre las distintas formas de energía; es la única vía para combinar el estudio de los microestados y partículas de un sistema, con el estudio macroscópico del mismo, analizar la irreversibilidad y espontaneidad de los procesos y examinar los distintos eventos temporales y cíclicos.

Un enfoque de este tipo permitiría investigar, en su esencia, los procesos biológicos, desde el metabolismo celular hasta las formas de adquisición y procesamiento de la información en los seres vivos.

Julius Robert Von Mayer (1814 - 1878).[2] Nació el 25 de noviembre de 1814 en Heilbronn, Alemania y falleció el 20 de marzo de 1878 en la misma ciudad. Estudió la carrera de medicina en Tubinga y completó sus conocimientos en Múnich y París. En 1840 se embarcó como médico naval, en un viaje hacia las Indias Orientales, y estuvo unos meses trabajando en la isla de Java (antigua Batavia y actual Yakarta).

En el curso de este viaje estudió las variaciones producidas particularmente en la sangre, debidas a la influencia de los climas cálidos. En Java observó, al operar a un nativo, que la sangre venosa de este tenía un intenso color rojo, casi tan intenso, como el de la arterial, a diferencia de lo observado en la sangre venosa de los individuos de otras latitudes del planeta. Posteriormente, comprobó que los marinos que vivían en regiones tropicales tenían similares características en su sangre.

Mayer explicó este fenómeno con la afirmación de que, en las zonas tropicales, con un clima caluroso, no se requiere gran consumo de oxígeno para mantener la temperatura del organismo, y, por tanto, se demanda un grado de oxidación menor de los alimentos. *"A causa de la elevada temperatura de los trópicos, el organismo debe producir menos calor para compensar sus pérdidas que en el clima de Europa, donde las temperaturas son habitualmente bajas, por esta razón, en las condiciones ambientales del trópico la sangre debe desoxidarse menos."*

Mayer pensaba, como Lavoisier (1743-1794), que el organismo humano era una máquina térmica. Entonces le surgió esta idea: *¿variará o no la cantidad de calor desprendida por el organismo al oxidarse una misma*

---

[2] https://www.mcnbiografias.com/

cantidad de alimento, si el organismo, además de desprender calor, realiza trabajo?

Si la cantidad de calor no varía, entonces de una misma cantidad de alimentos se puede obtener, unas veces menos y otras veces más cantidad de calor. También del trabajo realizado por el organismo, se puede obtener de nuevo calor, por ejemplo, por rozamiento. Si varía la cantidad de calor, entonces el calor y el trabajo tienen una misma fuente: *el alimento oxidado*. Así, el trabajo y el calor pueden transformarse el uno en otro. Entonces, Mayer llega a la genial conclusión de que:

"El calor y el movimiento se transforman el uno en otro" y se plantea el siguiente problema: *"Pero nosotros no tenemos todavía el derecho a pararnos en esto. Debemos conocer cuanto trabajo se necesita para obtener una determinada cantidad de calor, y viceversa. Con otras palabras: la ley de la relación cuantitativa invariable entre el movimiento y el calor debe ser expresada también de manera numérica…"*

Y consideró que, para hallar esta magnitud, se deben realizar experimentos con cualquier sistema cerrado. Este debe efectuar un ciclo, intercambiando calor y trabajo con otros sistemas. Es imposible calcular el equivalente mecánico del calor examinando procesos no cíclicos.

Mayer en 1842 calculó el equivalente mecánico del calor para el ciclo. Para obtener sus resultados no realizó ningún experimento, utilizó los resultados experimentales publicados hasta 18; de modo que, en realidad, todo el trabajo experimental para el descubrimiento de esta ley... había sido terminado 20 años antes. ¡Ah!, pero faltaba solamente una cosa, lo más importante y necesario: *La comprensión del sentido de los resultados obtenidos.*

Así que, este hombre genial, en tan remota fecha, a partir del estudio del ser humano, llegó, por un razonamiento biónico, al *Primer Principio de la Termodinámica*, que se expresa como una ley de carácter universal: **"La Ley de la Conservación y la Transformación de la Energía"**: *"La energía ni se crea ni se destruye, sino que se transforma."*

El primer principio de la Termodinámica, después enunciado más formalmente por James Prescott Joule, se puede expresar matemáticamente como:

$$dU = \delta Q - \delta W \quad (1)$$

Donde (dU) Es la derivada de la *energía interna* denotando su cambio o dinámica, mientras que (δQ) y (δW), son los diferenciales inexactos del calor (Q) y el trabajo (W), respectivamente.

Esto es así, ya que, (U) es una función de estado del sistema, es decir, únicamente depende de los estados iniciales y finales (1) y (2), por lo que (dU) Se puede integrar desde (U_1) Hasta (U_2), obteniéndose ($U_2 - U_1$).

Sin embargo, los diferenciales (δQ) y (δW), no son diferenciales de una función de estado, por lo tanto, sus integrales dependerán de la *trayectoria* seguida por el sistema

Del primer principio de la Termodinámica, así como, de las regularidades que del mismo se desprenden, no se pueden sacar conclusiones de si es posible o no, un proceso dado, ni en qué sentido transcurre. Hay fenómenos que teóricamente pueden ocurrir, pero que, en la naturaleza, nunca tienen lugar. Los procesos reales transcurren en un sentido determinado, y por regla general, sin cambiar las condiciones, es imposible obligar al proceso a transcurrir en sentido contrario, es decir, "volver sobre sus pasos", por eso es importante para la ciencia prever el sentido de ciertos procesos.

La Segunda Ley de la Termodinámica, particularmente difícil de describir con palabras, restringe los tipos de cambio de energía que pudieran ocurrir, y predice si un proceso es espontáneo o no, en qué sentido y magnitud debe transcurrir y cuál es su *entropía* o tendencia al desorden.

Rudolf Clausius en 1865, formuló este principio así:

"Es imposible para una máquina que actúe por sí misma, sin la ayuda de cualquier energía externa, el conducir calor desde un cuerpo que tenga temperatura más baja a otro que tenga una temperatura más elevada".

Al generalizar y aplicar este principio a otras formas de energía, se puede decir, que es imposible, sin ayuda de *energía externa* al sistema, que un proceso transcurra en contra de un *gradiente de potencial eléctrico, químico, gravitacional, etc.* Así como, es imposible que el agua de una cascada suba la montaña por sí sola. De la misma manera, la célula requiere consumir energía adicional para transportar a través de su membrana sustancias en contra del *gradiente de concentración*.

Partiendo de estos principios, haremos un análisis termodinámico del proceso de la difusión, y estudiaremos las causas esenciales de las propiedades que la caracterizan, tales como: sus condiciones de equilibrio, las fuerzas que las rigen, su intensidad, etc.

ENTROPÍA

Como se enunció anteriormente, el aumento de la *entropía* determina la dirección termodinámica del proceso. La *entropía* se define para condiciones de equilibrio, con la ecuación: $\dfrac{\delta Q}{T_{eq}} = dS$ (2)

: Como se ha señalado (δQ), es una cantidad infinitesimal de calor, pero al dividirse por (T) (temperatura absoluta), se hace diferencial de una función, es decir que, desde el punto de vista matemático, $1/T$ es para el calor (Q), el factor de integración (lo que es equivalente a decir que, (T) es el divisor de integración), de esta forma la entropía (S) se convierte en una función de estado.

Como se observa en la ecuación (2), la entropía fue definida para condiciones de equilibrio (eq), pero para condiciones de desequilibrio se define como:

$$dS > \frac{\delta Q}{T_{dseq}} \ (3)$$

Generalizando las expresiones (2) y (3), se obtiene:

$$dS \geq \frac{\delta Q}{T_{dseq}} \ (4)$$

En el caso de que no exista intercambio de calor entre el sistema y el medio ambiente ($\delta Q = 0$), es decir, *un sistema adiabático*:

$$dS \geq \frac{\delta Q}{T} = dS \geq 0 \ (5)$$

Integrando desde el estado inicial (S_1) hasta el estado final (S_2):

$$\int_{S_1}^{S_2} dS > 0 \Rightarrow \Delta S = S_1 - S_2 \geq 0 \quad (6)$$
$$\therefore \ S_2 = S_1 \ ó \ S_2 > S_1$$

Como se demuestra, la *entropía* (S) de un *sistema adiabático,* es constante en los procesos de equilibrio y crece en los procesos de desequilibrio; entonces, *la entropía solo puede aumentar.* Cuando la *entropía* alcanza su valor máximo en un sistema aislado, el sistema está en equilibrio.

A continuación, se expresa la condición de equilibrio respecto a la entropía, la cual puede considerarse como función de ciertas variables, excepto (U) y (V) (que son constantes).

Tales parámetros son, por ejemplo: *la presión de vapor, la concentración de la solución, etc.*

Como en la condición de equilibrio la *entropía* es máxima, su expresión matemática, de forma general, corresponde a un máximo de la función (S), y, por lo tanto, debe cumplirse que, la primera derivada sea igual a cero y la segunda derivada menor que cero (negativa):

$$(\partial S)_{U_1 V} = 0 \qquad (\partial S^2)_{U_1 V} < 0$$

El gran mérito del célebre físico austríaco L. Boltzmann (1844-1906), fue establecer el carácter estadístico del segundo principio de la termodinámica, que explicaba la contradicción entre la reversibilidad del movimiento mecánico y la irreversibilidad y orientación de los procesos reales, físicos y químicos; esta orientación es una consecuencia de la constitución molecular del mundo material. Además, el enfoque estadístico permitió estudiar cuantitativamente las desviaciones que se observan de este principio y demostró definitivamente la inconsistencia de la idea idealista de Clausius de *la muerte térmica del universo*.

La *entropía* se define según la Termodinámica estadística como:

$$S = k \ln p \quad (7)$$

Donde (k) es la constante de Boltzmann y (p) es la probabilidad de los microestados de un sistema.

Así, la *entropía* se puede considerar *una medida del grado de desorden de las partículas de un sistema* y da una idea de sus posibilidades de cambio. La *entropía* siempre tiende a aumentar, sin embargo, en los organismo vivos se ve una tendencia al orden que, a su vez, *se puede considerar una medida de su cantidad de información*.

La vida es, en esencia, una manifestación del orden en el universo; es decir, es materia que evoluciona hacia una organización cada vez mayor y contiene en sí información y que en su forma más altamente organizada, el cerebro humano, constituye el «sustrato» de la conciencia.

ENERGÍA LIBRE

POTENCIAL ISOCORO[3].

De la expresión general de la entropía en la ecuación (4):

$$dS \geq \frac{\delta Q}{T_{dseq}}$$

Despejando δQ se obtiene: $\delta Q \leq TdS$ (4a)

Sustituyendo esta expresión en la ecuación (1), del primer principio de la Termodinámica se obtiene:

$$dU = \delta Q - \delta W \quad (1)$$

$$dU \geq TdS - \delta W \quad (8)$$

Despejando (δW):

$$\delta W = \delta Q - dU \leq TdS - dU \ (9)$$

La magnitud del segundo miembro no depende, de si es o no, un proceso de equilibrio. Así que, en el caso del equilibrio, tendremos:

$$\delta W = dW_{eq} = TdS - dU \quad (10)$$

Como habíamos señalado al enunciar el primer principio de la termodinámica, en el caso general del trabajo de un

---

[3] Isovolumétrico

proceso, este depende de la trayectoria; pero en el curso de procesos en equilibrio, se convierte en una función de estado, que solo depende del estado inicial y final del sistema, siendo mayor que el trabajo de un proceso en desequilibrio.

Entonces en el desequilibrio se observa la ecuación:

$$\delta W < TdS - dU \quad (11)$$

Una expresión general para el trabajo sería:

$$\delta W \leq TdS - dU \quad (11a)$$

Así, de las ecuaciones (10) y (11) se evidencia que:

$$\delta W_{eq} > \delta W$$

De esta manera, el trabajo de un sistema en equilibrio es máximo y no depende de la trayectoria.

Cuando la entropía (8) es constante (proceso *adiabático* en equilibrio), entonces de la ecuación (10) se obtiene:

$$dW_{eq} = TdS - dU \quad (10)$$

$$\text{Si } (S) \text{ es constante} \Rightarrow dS = 0$$

$$\therefore dW = -dU \quad (10)$$

Integrando tendremos:

$$W_{max} = U_1 - U_2 \quad (12)$$

Es decir, la magnitud del trabajo máximo se determina por la variación de la energía interna del sistema. Si integramos a temperatura (T) constante la ecuación (10) obtenemos:

$$W_{max} = T(S_2 - S_1) - (U_2 - U_1) \quad (13)$$

Reagrupando los términos:

$$W_{max} = (U_1 - TS_1) - (U_2 - TS_2) \dots (13a)$$

Las expresiones que están entre paréntesis son funciones de estado del sistema. Si introducimos en la ecuación (13a) la denotación:

$$F \equiv U - TS \quad (14)$$

Cuando la temperatura absoluta es constante obtenemos:

$$W_{max} = -\Delta F = F_1 - F_2 \quad (14a)$$

Donde (F) es la función de estado denominada *potencial isocoro-isotérmico* o *energía libre de Helmholtz* de un sistema.

De esta manera, el trabajo máximo de un proceso en *equilibrio isocoro-isotérmico* es igual a la pérdida de *energía libre* del sistema.

Si transcribimos la ecuación (14) en la forma:

$$U = F + TS \quad (14b)$$

Se puede considerar a la *energía interna* (U) formada en dos partes, la *energía libre* (F) y la *energía ligada* (TS) o *energía entrópica*. Solamente una parte de la *energía interna*, la *energía libre*, la cual entrega el sistema al exterior, cuando la temperatura es constante, se puede transformar en trabajo; la condición de tal transformación es que, el proceso transcurra en estado de equilibrio; ya que en un proceso en desequilibrio la *energía libre* se transforma totalmente o en parte, en calor. (Q)

Otra parte de la energía interna, la *energía ligada o entrópica*, en una variación del sistema a temperatura constante, no se transforma en trabajo, sino que pasa solamente a calor:

$$T\Delta S = Q \quad (15)$$

La *entropía* (S), de esta manera, es un factor de capacidad de la *energía ligada* $(T\Delta S)$. Al multiplicar el factor de capacidad entropía (ΔS) por el factor de intensidad (T), se obtiene *energía ligada o entrópica*, de la misma forma que al multiplicar el factor de capacidad volumen (V) por el factor de intensidad presión (P), se obtiene trabajo de expansión: $(W = PV)$, es decir *energía*. *"Siempre que se multiplique un factor de capacidad por un factor de intensidad, se obtiene energía"*.

El diferencial total de la función (F), se puede obtener diferenciando la ecuación:

$$F = U - TS \quad (14)$$

$$dF = dU - d(TS) \quad (14a)$$

$$dF = dU - TdS - SdT \quad (16)$$

Sustituyendo la ecuación $dU \geq TdS - \delta W$ (8), en la ecuación obtenida (16) se llega a:

$$dF \leq (TdS - dW) - TdS - SdT \quad (17)$$

$$dF \leq TdS - dW - TdS - SdT \quad (17a)$$

$$dU \geq TdS - \delta W \quad (18)$$

De donde a temperatura constante $(dT = 0)$:

$$(dF)_T \leq -\delta W \quad (19)$$

Si integramos la ecuación anterior se obtiene:

$$F_2 - F_1 = \Delta F \leq -W$$

Multiplicando por (-1) e invirtiendo el signo de la desigualdad la expresión anterior queda como:

$$F_2 - F_1 \geq W \quad (19b)$$

Lo cual demuestra que la caída de *potencial isocoro-isotérmico* o disminución de la *energía libre* en el estado de equilibrio, se puede convertir totalmente en trabajo máximo:

pero en estado de desequilibrio no toda la *energía libre* se convierte en trabajo.

Esto, en definitiva, confirma la tesis de que *el trabajo, en un proceso de desequilibrio, es menor que, en el de equilibrio.*

Si en un proceso de equilibrio se efectúa sólo trabajo de expansión:

$(\delta W = PdV)$, entonces de la ecuación $dF \leq -SdT - \delta W$ (18) obtenemos:

$$dF = -SdT - PdV \quad (20)$$

Esta expresión es un diferencial total de la función (F), cuando las variables independientes son el volumen (V) y la temperatura (T). Las derivadas parciales de esta ecuación son siempre negativas:

$$\frac{\partial F}{(\partial V)_T} = -P \qquad \frac{\partial F}{(\partial T)_V} = -S$$

Esto demuestra que el *potencial isocoro (energía libre)*, disminuye al aumentar la temperatura o el volumen y que la medida de la pérdida de *potencial isocoro* del sistema, al aumentar la temperatura (T) (a volumen constante), se convierte totalmente en entropía (S). Si se supone (T) y (V) constante, así como la condición de ausencia de toda otra clase de trabajo $(\delta W = 0)$, de la ecuación (19) se obtiene:

$$(\delta F)_{T,V} \leq 0$$

Es decir, que el *potencial isocoro (energía libre)* de un sistema que se encuentra a volumen y temperatura constante, no varía en los procesos de equilibrio y disminuye en los procesos de desequilibrio.

Por, último, también se puede demostrar que, en la condición de equilibrio, a volumen y temperatura constante, la función (F) (*potencial isocoro*), es un mínimo, por lo que su primera derivada es nula y su segunda derivada mayor que cero (positiva):

$$(\partial F)_{T,V} = 0 \qquad (\partial^2 F)_{T,V} > 0$$

Todo lo antes expresado es válido, si no hay otras clases de trabajos, excepto el de expansión. En caso contrario, en la expresión anterior se incluye la condición de constancia para cada uno de estos factores.

POTENCIAL ISOBÁRICO.

Con el fin de considerar en una forma general, otras formas de trabajo, excepto el de expansión, representaremos al trabajo elemental, como la suma del trabajo de expansión y otros:

$$\delta W = PdV + \delta W' \qquad (21)$$

Donde $(\delta W')$ es la suma de los trabajos elementales de todas las clases excepto el de expansión. A esta magnitud $(\delta W')$ le denominaremos *trabajo elemental útil* y a la magnitud (W') *trabajo útil*.

De la ecuación anterior (21) y la ecuación $\delta W \leq TdS - dU$ (9) se obtiene:

$$\delta W' = \delta W - PdV \qquad (21a)$$

Sustituyendo (δW):

$$\delta W' \leq TdS - dU - PdV \qquad (22)$$

Integrando desde el estado 1 al estado 2:

$$W' \leq T(S_2 - S_1) - (U_2 - U_1) - P(V_2 - V_1) \qquad (22a)$$

Si agrupamos las magnitudes correspondientes a un mismo estado:

$$W' \leq (U_1 - TS_1 + PV_1) - (U_2 - TS_2 + PV_2) \qquad (22b)$$

Y desígnanos por (G) a las expresiones encerradas entre paréntesis, las cuales son funciones de estado, obtenemos que:

$$G = U - TS + PV \quad (23)$$

Si sustituimos la ecuación $F = U - TS$ (14), en la ecuación anterior:

$$G \equiv F + PV \quad (24)$$

Entonces la ecuación (22b) al definirse (G), puede escribirse como:

$$W' \leq G_1 - G_2 = -\Delta G \quad (25)$$

Como dG no depende de la trayectoria del proceso, bajo las condiciones de temperatura (T) y presión (P) constantes, (W') será máximo para los procesos de equilibrio:

$$W'_{máximo} = G_1 - G_2 = -\Delta G \quad (25a)$$

Donde (G) es la función de estado definida por las igualdades (23) y (24), y se llama *potencial isobárico – isotérmico* o *energía libre* a presión constante o *energía libre de Gibbs*.

De esta manera, *el trabajo útil máximo es igual a la disminución del potencial isobárico (energía libre)*.

Para la obtención de la diferencial total de la función (G), con las variables (P) y (T) diferenciamos la ecuación

$$G = U - TS + PV \quad (23)$$

$$dG = dU - TdS - SdT + PdV + VdP \quad (26)$$

Despejando (dU) de la ecuación $\delta W' \leq TdS - dU - PdV$ (22) obtenemos:

$$dU \leq TdS - PdV - \delta W' \quad (22c)$$

Sustituyendo (dU) en la ecuación diferencial total de dG (26) se tiene:

$$dG \leq (TdS - PdV - \delta W') - TdS - SdT + PdV + VdP \quad (27)$$

Donde simplificando queda:

$$dG \leq - SdT + VdP - \delta W' \quad (27a)$$

Cuando (P) y (T) son constantes, (dT) y (dP) son nulos, por lo que obtenemos nuevamente la ecuación $W'_{máximo} = G_1 - G_2 = -\Delta G$ (25a)

En ausencia de todo trabajo, excepto el de expansión ($\delta W' = 0$), para el caso general, obtenemos:

$$dG \leq SdT + VdP \quad (28)$$

Las derivadas parciales de la función (G) para la presión y temperatura constantes son:

$$\frac{\partial G}{(\partial P)_T} = V \qquad \frac{\partial F}{(\partial T)_V} = -S \quad (30)$$

Esta demuestra que el potencial isobárico (energía libre), aumenta con el crecimiento de la presión y disminuye con el aumento de la temperatura.

Conservando el signo de la desigualdad en:

$$dG \leq -SdT + VdP - \delta W' \quad (27a),$$

Es decir, suponiendo que el proceso del intercambio de calor en el desequilibrio $(TdS > \delta Q)$; a presión y temperatura constantes tenemos:

$$(\partial G)_{PT,} < \delta W' \quad (31)$$

Que no es más que la ecuación $W'_{máximo} = -\Delta G$ (25a), en forma diferencial. Entonces, en ausencia de toda clase de trabajo, excepto el de expansión donde ($\delta W' = 0$):

$$(\partial G)_{PT,} < 0$$

El *potencial isobárico (energía libre)*, del sistema disminuye en los procesos de desequilibrio y permanece constante en los procesos de equilibrio.

Evidentemente, el estado de equilibrio de un sistema, cuando (P) y (T) son dados, corresponde al mínimo de *potencial isobárico (energía libre)*. De esta manera, en la condición de equilibrio del sistema, cuando (P) y (T)son constantes, la primera derivada de (G) es nula y la segunda derivada es positiva, lo cual corresponde a un mínimo en la función (G):

$$(\partial G)_{PT,} = 0 \qquad\qquad (\partial^2 G)_{PT,} > 0$$

Cuando existen otras clases de trabajos, excepto el de expansión en la expresión (31) para la condición de equilibrio deberán incluirse las condiciones adicionales; que no son más que la constancia de ciertos parámetros, excepto (P) y (T).

ENTALPÍA Y ESPONTANEIDAD.

La función de estado (G) puede definirse también en función del *calor total*, de la siguiente manera:

$$G = H - TS \qquad (32)$$

Donde (H) es la *entalpía* o *contenido calórico* o *calor total de un sistema termodinámico*.

La *entalpía* es también una función de estado que representa la *energía interna* del sistema más el trabajo de expansión y depende de la temperatura absoluta y de la masa del sistema:

$$H = U + PV \qquad (33)$$

Obsérvese que si se sustituye esta ecuación (33) en la ecuación (24), se obtiene la ecuación (32) que relaciona la *energía libre* con la *entalpía*.

Si se consideran condiciones de temperatura, presión y volumen constante; como sucede con cierto grado de aproximación en los sistemas biológicos, se demuestra, que la variación de la *entalpía* (ΔH), es igual a la variación de la *energía libre* (ΔU):

$$H = U + PV \quad (33)$$

$$\Delta H = \Delta U + P\Delta V \quad (33a)$$

Pero como PV es constante, $\Delta V = 0$ Entonces: $\Delta H = \Delta U$

Bajo estas mismas condiciones el análisis de la variación de la *energía libre* muestra que:

$$G = U - TS + PV \quad (23)$$

$$\therefore \Delta G = \Delta U - T \Delta S \quad (23a)$$

Pero por definición:

$$F = U - TS \quad (14)$$

$$\therefore \Delta F = \Delta U - T\Delta S \quad (14c)$$

Es evidente que, al comparar, bajo las condiciones dadas, las ecuaciones (23a) y (14c) se demuestra que:

$$\Delta G = \Delta F$$

Esto demuestra, en definitiva, que, bajo condiciones de temperatura, presión y volumen constante, la *energía libre* obtenida en un proceso *isobárico – isocórico* es la misma.

En un sistema la *energía interna* durante un proceso isobárico, se trasforma una parte en *energía libre o trabajo útil*, otra parte en *trabajo de expansión* y otra parte en *energía entrópica*. Si el proceso es *isocórico* no se producirá trabajo de expansión y sólo habrá *trabajo útil y energía entrópica*, que se transforma definitivamente en **calor**.

La variación de la *energía libre* determina, así mismo, la espontaneidad de los procesos. En todos los procesos espontáneos que tienen lugar a presión y temperatura constante, o a volumen y temperatura constantes, la *energía libre* disminuye y cuando alcanza su valor mínimo, se llega al estado de equilibrio.

La variación de la *energía libre*, se representa por:

$$\Delta G = \Delta H - T\Delta S \quad (32a)$$

La disminución de la *energía libre* estará determinada entonces, por la competencia de dos factores:

1. La tendencia del sistema a *disminuir su entalpía*.

2. La tendencia del sistema a pasar a un estado de *mayor entropía* (mayor desorden).

Un sistema se desplazará de manera espontánea, en el sentido en que estos dos factores, al variar, determinen dicha disminución. Los cambios o transformaciones espontáneas están favorecidos por un aumento de la *entropía* y una disminución de la *entalpía*. Además, la influencia de la *entropía* se hace mayor si aumenta la temperatura.

LA LÓGICA MOLECULAR DE LOS ORGANISMOS VIVOS.

Los organismos vivos deben su existencia, precisamente, a la absorción de *energía libre* del medio que los rodea. Un bioquímico de renombre, Albert Lehninger comenta al respecto: *Los organismos vivos para mantener su propia organización estructural poseen la capacidad de emplear la energía externa, lo que los diferencia en forma radical de la materia inanimada, esto se debe a que las moléculas que integran los organismos vivos no solamente se rigen por todos los principios físicos y químicos que gobiernan el comportamiento de todas las moléculas, sino que, además ejercen acciones mutuas de acuerdo con un conjunto de principios.* A estos principios nos referiremos de modo general como *"La Lógica Molecular de la Vida".*

Los compuestos orgánicos presentes en la materia viva forman una enorme variedad y la mayor parte de ellos son extraordinariamente complejos. Estos principios no incluyen necesariamente ninguna ley o fuerza física nueva o todavía por descubrir. Deben considerarse, más bien, un conjunto único de "reglas fundamentales" que gobiernan la naturaleza, la función y las interacciones de los tipos específicos de moléculas presentes en los organismos vivos, y los dotan de la capacidad de organizarse y de replicarse por sí mismos, esta última propiedad puede considerarse la verdadera *quintaesencia* de la vida.

La complejidad molecular y el ordenamiento estructural de los organismos vivos, en contraposición al azar que reina en la materia inerte, tiene unas implicaciones profundas para el científico, la segunda ley de la termodinámica establece que los procesos físicos y químicos tienden a aumentar el desorden o el caos en el mundo, es decir, su *entropía.*

¿Por qué entonces los organismos vivos pueden crear o mantener su complicado ordenamiento en un entorno que está relativamente desordenado y que se desordena cada vez más con el transcurso del tiempo?

Los organismos vivos no constituyen excepciones de las leyes termodinámicas. A su elevado grado de ordenamiento molecular debe contribuirse de alguna manera, puesto que no puede surgir del desorden espontáneamente. La primera ley de la termodinámica establece que la energía no puede crearse ni destruirse. Por lo tanto, los organismos vivos no pueden consumir o generar energía, solo puede transformar una forma de energía en otra.

En las condiciones especiales de temperatura y presión en que viven, absorben de su entorno *energía libre*, y devuelven al ambiente una cantidad equivalente de energía, en alguna otra forma menos utilizable; tales como el calor u otra forma que se difunda rápidamente al azar.

Podemos establecer ahora un axioma extremadamente importante en la lógica molecular de la vida:

Los organismos vivos crean y mantienen su ordenamiento esencial a expensas de su entorno, al que transforman, haciéndolo cada vez más desordenado y caótico.

Los organismos vivos son sistemas abiertos que intercambian materia y energía con su entorno y al hacerlo lo transforman. La característica de los sistemas abiertos es que no se hallan en equilibrio termodinámico con su entorno. Los organismos vivos están en un tipo de equilibrio dinámico con el entorno, que se conoce como ESTADO ESTACIONARIO, condición que cumple un sistema abierto, cuando la rapidez de intercambio de materia y energía desde el entorno al sistema, se haya compensado exactamente con la transferencia de energía y materia, desde el interior hacia el entorno, Todo lo cual, constituye, *una parte de la lógica molecular de la vida*, donde cada célula es un sistema abierto, que no está en equilibrio; convirtiéndose así, en una máquina de extraer *energía libre* del medio, en el cual, origina un aumento de *entropía*.

Además, las células vivas son muy eficaces en la manipulación de la energía y de la materia; su maquinaria energética está compuesta por moléculas muy sensibles a los cambios de temperatura, por lo que realiza una transformación esencialmente *isobárica – isotérmica*. Estas son las razones por las cuales las células son incapaces de usar el calor como fuente directa de energía.

En esencia, las células no se parecen a las máquinas térmicas o eléctricas creadas por el nombre hasta el momento, sino que son mucho más eficaces que cualquiera de ellas, lo cual constituye otro axioma importante de *la lógica molecular de la vida*: *la célula es una máquina química isotérmica*.

La energía que las células absorben de su entorno es en forma de *energía química*, la cual transforman luego para realizar el trabajo químico implícito en la biosíntesis de sus componentes, el trabajo de la difusión necesaria para el transporte de los materiales, o el trabajo mecánico de la contracción muscular.

POTENCIAL QUÍMICO...

La difusión es, en su esencia, un proceso dinámico, por lo que analizaremos las propiedades termodinámicas de sus fases, considerándolas como sistemas abiertos que intercambian masa y energía entre sí.

Este análisis nos permitirá dar una definición rigurosa del *potencial químico*, cuyo gradiente determina la *fuerza de la difusión*.

La dinámica del proceso radica precisamente en que al existir intercambio de masa (número de moles), de una fase con las otras, esto implica también un intercambio continuo de paquetes de energía, por lo tanto, variarán continuamente las propiedades termodinámicas: *energía interna, entropía, entalpía y energía libre*.

De lo dicho anteriormente se desprende que la magnitud del *potencial isobárico* (G) o la *energía libre* en una masa cualquiera de una fase de la difusión, es una función, no solo de la presión y la temperatura, sino también de la masa total y la composición de las fases, es decir, de la cantidad de masa de cada uno de los componentes de las fases.

Esto se refiere a todos los *potenciales termodinámicos* y otras propiedades extensivas del sistema; es decir, las propiedades que son proporcionales a la masa (*energía interna, entropía, entalpía y energía libre*).

Veamos la relación cuantitativa de los *potenciales termodinámicos* de la fase con respecto a la composición.

La *energía interna* de una fase varía al ser absorbido o desprendido calor, realizando un trabajo y variando las masas de los componentes, por esto, la expresión $dU = \delta Q - \delta W$ (1), del primer principio de la termodinámica, es necesario ampliarla:

$$dU = \delta Q - \delta W + \mu_1 dn_1 + \mu_2 dn_2 + \ldots\ldots + \mu_i dn_i \quad (1a)$$

En la ecuación $\delta W = TdS - dU$ (10) para un proceso de equilibrio, despejamos (dU):

$$dU = -TdS - \delta W \quad (10a)$$

Si consideramos un proceso de equilibrio, en presencia sólo de trabajo de expansión ($\delta W = PdV$); entonces:

$$dU = TdS - PdV \quad (36)$$

Considerando la ampliación de la primera ley para sistemas abiertos ecuación (1a) tendremos que:

$$dU = TdS - PdV + \mu_1 dn_1 + \mu_2 dn_2 + \ldots\ldots + \mu_i dn_i \quad (37)$$

$$dU = TdS - PdV + \sum \mu_i dn_i \quad \text{(en forma abreviada)}$$

Donde $n_1\, n_2, \ldots., n_i$ son las masas de los componentes de una fase, expresados en número de moles; y $\mu_1, \mu_2, \ldots\ldots. \mu_i$ son los coeficientes de proporcionalidad entre (dU) y (n_i), cuyo sentido esclareceremos más adelante.

Como se puede observar en la expresión (37) abreviada, cada coeficiente (μ_i) multiplicado por su correspondiente diferencial de masa (dn_i), representa un diferencial de *energía interna*:

$$dU = \mu_i dn_i \quad (38)$$

Si en la ecuación $dF = dU - TdS - SdT$ (16), se sustituye la expresión (dU) de la ecuación (37) abreviada, se tiene que:

$$dF = TdS - PdV + \sum \mu_i dn_i - TdS - SdT$$

De donde, simplificando queda:

$$dF = -PdV - SdT + \sum \mu_i dn_i \quad (39)$$

Esta expresión es la diferencia total de la función $F = f(V, T, n_1\ n_2, \dots)$, de aquí que, al aplicar derivadas parciales, obtengamos la expresión:

$$\mu_i = \left(\frac{\partial F}{\partial n_i}\right)_{V,T,1n} \quad (40)$$

Es decir, el coeficiente (μ_i) es una derivada del *potencial isocoro* con respecto a la masa del componente (i), a volumen y temperatura del sistema y masa de los demás componentes ($1n$) constantes. (donde ($1n$) significa un mol de masa)

Las magnitudes (μ_i) se llaman "POTENCIALES QUIMICOS".

Si la ecuación abreviada:

$$dU = TdS - PdV + \sum \mu_i dn_i \ (37),$$

La sustituimos en la ecuación

$$dG = dU - TdS - SdT + PdV \ (26), \text{ obtenemos:}$$

$$dG = (TdS - PdV + \sum \mu_i dn_i) - TdS - SdT + PdV + VdP$$

$$dG = -SdT + VdP + \sum \mu_i dn_i \quad (41)$$

Si aplicamos derivadas parciales, se obtiene entonces:

$$\mu_i = \left(\frac{\partial G}{\partial n_i}\right)_{P,T,1n} \qquad (42)$$

Así, el *potencial químico* representa la rapidez de cambio en la *energía libre* del sistema con respecto al número de moles del componente (n_i) de la fase, que se intercambian en el proceso de la difusión, cuando la temperatura y la presión o el volumen, así como el número de moles del resto de los componentes de fase, se mantienen constantes.

De la misma manera, el *potencial químico* puede representarse en función de la *energía interna*, a partir de la ecuación $dU = TdS - dV + \mu_i dn_i$ (37):

$$\mu_i = \left(\frac{\partial U}{\partial n_i}\right)_{V,S,1n} \qquad (43)$$

De forma análoga, se puede llegar a la ecuación diferencial del potencial químico en función de la entalpía, resultando:

$$dH = VdP - TdS + \mu_i dn_i \qquad (44)$$

$$\mu_i = \left(\frac{\partial H}{\partial n_i}\right)_{P,S,1n} \qquad (45)$$

Por lo tanto, dadas las condiciones que se le imponen a las ecuaciones diferenciales; resulta que todas estas derivadas parciales son iguales entre sí.

$$\mu_i = \left(\frac{\partial U}{\partial n_i}\right)_{V,S,1n} = \left(\frac{\partial H}{\partial n_i}\right)_{P,S,1n} = \left(\frac{\partial G}{\partial n_i}\right)_{P,T,1n} = \left(\frac{\partial F}{\partial n_i}\right)_{V,T,1n} \quad (47)$$

A presión y temperatura constante, en la ecuación:

$$dG = -SdT + VdP + \sum \mu_i dn_i \text{ (41) donde } dT = 0 \text{ y } dP = 0$$

$$\therefore dG = \sum \mu_i dn_i \qquad (48)$$

De este modo (G) es una función de la masa de los componentes que se intercambian entre las fases de la difusión, lo cual implica que:

$$G = f(n_1 \, n_2, \dots, n_i).$$

Este análisis se puede generalizar para la variación de la *energía interna*, la *entalpía* y la *energía libre* de Helmholtz.

Para el volumen y la entropía constante, en la ecuación:

$$dU = T \, dS - PdV + \mu_i dn_i \quad (37) \text{ donde } dS = 0 \text{ y } dV = 0$$

$\therefore dU = \sum \mu_i dn_i$ lo cual implica que, $U = f(n_1 \, n_2, \dots, n_i)$

Para la presión y la entropía constante, en la ecuación:

$$dH = VdP - TdS + \mu_i dn_i \quad (44) \text{ donde } dS = 0 \text{ y } dP = 0$$

$\therefore dH = \sum \mu_i dn_i$ lo cual implica que, $H = f(n_1 \, n_2, \dots, n_i)$

Para el volumen y la temperatura constante, en la ecuación:

$$dF = -PdV - SdT \sum \mu_i dn_i \quad (39), \text{ donde } dV = 0 \text{ y } dT = 0$$

$\therefore dF = å \sum \mu_i dn_i$ lo cual implica que, $F = f(n_1 \, n_2, \dots, n_i)$

$$\therefore G = F = H = U = f(n_1 \, n_2, \dots, n_i) \quad (49)$$

Como se puede observar, estas funciones de estado tienen un carácter extensivo, porque dependen de la masa, pero además, bajo las condiciones dadas en cada caso, ellas únicamente dependen de las variaciones de la masa que se intercambia entre las fases de la difusión. Esto ilustra, con mayor claridad, la esencia del concepto de *potencial químico*, en relación con estas funciones de estado, que se expresa en la definición genérica de μ_i por la ecuación (47), en forma de derivadas parciales.

El Potencial Químico representa, entonces, una variación energética de la masa que se intercambia entre las fases de la difusión.

Volviendo a la ecuación $dG = \sum \mu_i dn_i$ (48), podemos ver que, si las masas de todos los componentes de una fase de la difusión aumentarán, proporcionalmente aumentaría la magnitud (dG). De esta manera, integrando esta ecuación se obtiene:

$$G = \sum \mu_i dn_i \quad (50)$$

En las condiciones señaladas, las magnitudes (μ_i) permanecen constantes durante el aumento de la masa, es decir, que estas, a presión y temperatura constantes, dependen solamente de la composición química de la fase de la difusión y no de la masa absoluta de sus componentes.

Las magnitudes que no dependen de la masa, se les denomina: factores de intensidad o propiedades intensivas.

Luego entonces; el *potencial químico* es una *propiedad intensiva*, tal como la temperatura, la presión, la densidad, la *concentración*, la viscosidad y el índice de refracción, entre otras. En otras palabras, *estas propiedades no son aditivas y en su esencia, caracterizan el comportamiento de las sustancias.*

Los procesos de desequilibrio, como la difusión, surgen al haber diferencias finitas entre los valores de los factores de intensidad, como la temperatura, la presión, *la concentración, el potencial químico, el potencial eléctrico, etc,* correspondiente a cada fase del sistema.

Estas diferencias, constituyen los llamados *gradientes de los factores de intensidad*, que son las fuerzas motrices de un proceso dinámico (fuerzas generalizadas), que están dirigidas en la dirección del incremento del factor de intensidad.

La cantidad de energía o sustancia, que se desplaza a través de cierta superficie, en la unidad de tiempo, se define como

Flujo, cuya magnitud resulta proporcional a las fuerzas generalizadas correspondientes, para pequeñas desviaciones del estado de equilibrio.

En forma general, la magnitud del *Flujo* depende de varias fuerzas generalizadas, por ejemplo, el *Flujo* de sustancias depende del gradiente de concentración, del gradiente de densidad, etc. En el caso particular de la difusión, que trascurra solamente con la existencia del *gradiente de concentración* como fuerza generalizada, la magnitud del *Flujo*, será proporcional y estará determinada por el *gradiente de potencial químico* entre las fases de la difusión.

Diferenciando la ecuación $G = \sum \mu_i dn_i$ (50), se puede demostrar, que cuando un componente dado se halla en equilibrio en todas las fases de la difusión, los *potenciales químicos* (μ_i), son iguales en dichas fases; mientras que, cuando un componente está en desequilibrio, este tenderá a pasar espontáneamente, de la fase donde su *potencial químico* sea mayor, hacia aquellas fases en que su *potencial químico* sea menor.

Así, se establece un *gradiente de potencial químico*, el cual constituye *la fuerza de la difusión* y determina la magnitud, la dirección y el sentido de la difusión de dicho componente.

La ecuación $G = \sum \mu_i dn_i$ (50), permite definir que la magnitud del *potencial químico*, es el *potencial isobárico* del sistema o fase, correspondiente a un mol del componente. En otras palabras, *el potencial químico es la energía libre de un mol del componente que se intercambia entre las fases de la difusión.*

La existencia del *gradiente del potencial químico*, prohíbe energéticamente la reversibilidad espontánea del proceso de la difusión, sin embargo, con una influencia externa, que realice trabajo sobre el sistema, se puede llegar a invertir el proceso espontáneo en contra del *gradiente de potencial químico*; tal como sucede en la célula viva, por la existencia de la *bomba iónica de Sodio/Potasio*.

En resumen, de las consideraciones hechas hasta el momento, pudiera decirse, que desde el punto de vista termodinámico:

El potencial químico constituye la esencia de la dinámica de la difusión de sustancias.

Las funciones $G = F = H = U = f(n_1\, n_2, \dots, n_i)$ (49), tienen la propiedad, demostrada experimentalmente, de poderse enunciar de la forma siguiente:

$$G = F = H = U = f(kn_1, kn_2, \dots kn_i) = kf(n_1\, n_2, \dots, n_i)$$
$$(51)$$

donde (k) es cierto factor.

Las funciones de las variables que cumplen esta ecuación, se llaman *funciones homogéneas* y se pueden expresar de la forma siguiente:

$$\sum n_i \left(\frac{\partial F}{\partial ni}\right)_{P,T,1n} = F \ (52)$$

$$\sum n_i \left(\frac{\partial G}{\partial ni}\right)_{P,T,1n} = G \ (53)$$

$$\sum n_i \left(\frac{\partial U}{\partial ni}\right)_{P,T,1n} = U \ (54)$$

$$\sum n_i \left(\frac{\partial H}{\partial ni}\right)_{P,T,1n} = H \ (55)$$

Denotaremos las derivadas parciales de la siguiente manera:

$$\left(\frac{\partial G}{\partial ni}\right)_{P,T,1n} = \overline{G}_i$$

Así, las expresiones (52), (53), (54) y (55) quedarán denotadas como:

$$\sum n_i \overline{F}_i = F \quad (52a)$$

$$\sum n_i \overline{G}_i = G \quad (53a)$$

$$\sum n_i \overline{U}_i = U \quad (54a)$$

$$\sum n_i \overline{H}_i = H \quad (55a)$$

También son funciones de las masas, a presión y temperatura constante, la entropía (S) y el volumen (V), etc., por lo que se puede expresar de forma similar a $(F), (G), (U)$ y. (H):

$$\sum n_i \overline{S}_i = S \quad (56)$$

$$\sum n_i \overline{V}_i = V \quad (57)$$

Las magnitudes $\mu_i, \overline{F}_i, \overline{G}_i, \overline{U}_i, \overline{S}_i, \overline{V}_i$, son magnitudes parciales que, por definición, son las derivadas parciales de una propiedad extensiva de la fase con respecto a las masas del componente, a temperatura, presión y masas de los demás componentes de la fase constantes. Así, el Potencial Químico (μ_i), es un potencial isobárico parcial $\overline{G}_i$.

El *potencial químico*, así como la *energía libre* (F) y (G), la *energía interna* (U) y la *entalpía* (H), son *potenciales termodinámicos*, ya que tienen dimensión de energía y tienden hacia un mínimo, si los procesos en el sistema transcurren bajo determinadas condiciones.

Los *potenciales termodinámicos* brindan un criterio del sentido del proceso; sus valores mínimos en las mismas condiciones, corresponden al equilibrio del sistema y a su vez son condiciones de equilibrio. Estos potenciales nos ofrecen una caracterización termodinámica completa del sistema, por esto son también *funciones características*.

Los *potenciales termodinámicos* son un instrumento matemático importante de las investigaciones termodinámicas, pueden ser utilizados para la deducción de diferentes relaciones entre los parámetros termodinámicos del sistema; sin embargo, al aplicarse en algunos casos resulta, en extremo complicado, el desarrollo de los cálculos matemáticos; por lo que el análisis de estos fenómenos se efectúan por procedimientos experimentales, que aunque menos exactos, resultan en una simplificación de los cálculos, obteniéndose resultados en la práctica con una buena aproximación.

Un ejemplo, donde se ve esto claramente, es en el fenómeno de la difusión, en ella es necesario conjugar de forma adecuada el enfoque clásico, con el energético o termodinámico.

En el enfoque clásico, se logra, a través de los parámetros de los estados físicos para una mezcla de gases o una disolución, estos son: *la concentración, la presión y la temperatura*.

Mientras que, en el enfoque termodinámico, se buscan los parámetros que explican, con mayor exactitud, las causas que rigen este proceso y la esencia del mismo; en contraposición, el enfoque clásico se basa en magnitudes macroscópicas fáciles de medir y explica de acuerdo a la Teoría Cinético Molecular, el desarrollo del proceso de la difusión.

Parece ser que esta divergencia de enfoques tiene sus raíces: históricas, en el problema del enfoque físico y el enfoque químico de las disoluciones, que son fenómenos de difusión. Durante mucho tiempo se consideraban a las disoluciones como un proceso químico.

D.I. Mendeléiev también mantenía este punto de vista, mientras que otro punto de vista sobre el proceso de disolución, lo desarrollaba uno de los típicos representantes de la teoría «física» de las soluciones, V.F. Alexeiev, quien expuso entre 1870 y 1880 un punto de vista claro sobre las disoluciones. Las definió, como *el resultado sumario del movimiento molecular y la cohesión mutua de las moléculas.* El consideraba la interacción química un factor significativo, pero no obligatorio en las disoluciones.

Más tarde, Mendeléiev reconoció el importante papel del factor físico en la formación de las soluciones, aunque se pronunció en contra de la posición extrema puramente física. Sobre este asunto escribió:

"Ambos aspectos de la disolución (el físico y el químico) y las hipótesis que se han aplicado hasta ahora en el estudio de las disoluciones, a pesar de tener, en parte, puntos de partida diferentes, sin lugar a dudas, con el tiempo conducirán a una teoría general de las soluciones, porque unas mismas leyes generales rigen, tanto los fenómenos químicos, como los físicos, ya que solo de las propiedades y los movimientos de los átomos, que determinan las interacciones químicas, dependen las propiedades y los movimientos de las partículas, compuestas de átomos y determinantes de las relaciones físicas."

La teoría física de las soluciones obtuvo un notable desarrollo en los años ochenta del siglo XIX, con motivo de los éxitos en el estudio de las soluciones diluidas por Van't Hoff, Arrhenius y Ostwald, fue creada la primera teoría cuantitativa de las soluciones ligada a la idea de la sustancia disuelta, como un gas que se expande en un solvente inerte.

El renacimiento de la teoría química de las soluciones, a principios del siglo XX, provocó la revelación de otro extremismo: *todas las desviaciones de las leyes de las soluciones diluidas, se trataron de explicar por la presencia de ciertos compuestos químicos, sin considerar las desviaciones inevitables, debidas a las diferencias en los campos de fuerzas moleculares.* Esto conllevó, en los últimos decenios, al reconocimiento de la importancia de ambos factores.

Unos de los primeros análisis físico-químicos de las soluciones se puede encontrar en las investigaciones de D.I. Mendeléiev sobre las densidades de las soluciones acuosas.

El desarrollo del estudio de las interacciones moleculares y la aplicación de los métodos de la física estadística, permitieron la elaboración de una teoría cuantitativa de las soluciones de cualquier concentración. Sin embargo, la complejidad y variedad de las leyes que abarcan las propiedades de las soluciones de diferentes sustancias, hacen de la teoría de las soluciones, el problema más difícil de la Física Molecular y de la teoría de los enlaces químicos. Una teoría general cuantitativa de las soluciones todavía no existe, solo se tienen teorías particulares.

De la termodinámica hacia el enfoque clásico de la difusión.

Partiendo de una mezcla de gases ideales, haremos algunas consideraciones que nos permitan realizar un análisis sencillo de la difusión. Los gases ideales son aquellos donde no existen fuerzas de interacción molecular y su energía interna no dependen del volumen; estos se cumplen la ecuación de Clapeyson — Mendeléiev.

$$PV = n\,RT \quad (58)$$

Donde (P) es la presión, (V) es el volumen, (n) es el número de moles de gas, (T) la temperatura y (R) la constante universal de los gases.

Los potenciales isotérmicos de los gases ideales, en función de la presión y el volumen, se obtienen integrando los diferenciales totales (F) y (G) a temperatura constante para un mol, del gas ideal:

$$dF = -PdV = -(RT/V)dV$$

$$dG = VdP = (RT/P)dP$$

Integrando:

$$F = F(T) - RT \; lnV \quad (59)$$

$$G = G(T) - RT \; ln \, P \quad (60)$$

Las ecuaciones para los *potenciales termodinámicos* de un gas real se pueden obtener aplicando la ecuación de estado de un gas real, por ejemplo, la ecuación de Van der Waals y otras.

La ecuación de Van der Waals no es exacta, pero la aplicación de otras ecuaciones de estado más exactas, lleva a fórmulas muy complejas para los *potenciales termodinámicos* de los gases puros. Es especialmente complicada la aplicación ulterior de las fórmulas obtenidas del estudio de los equilibrios químicos de las mezclas gaseosas.

Gilbert N. Lewis propuso un método formal, el cual permite ligar las propiedades de un gas real, y hallarlos por medio del experimento (sus desviaciones del estado ideal), con sus parámetros termodinámicos y de esta manera, estudiar las regularidades termodinámicas en las mezclas gaseosas reales. En este caso se conservan las formas sencillas, propias de las ecuaciones matemáticas que describen las propiedades de los gases ideales. Este método es extensible a las soluciones.

El método de Lewis introduce una nueva función (f) denominada *fugacidad* termodinámica, *fugacidad* generalizada o en forma más breve: *fugacidad o volatilidad.*

La forma de la dependencia del potencial isobárico (G) de esta función se postula, para un mol de gas:

$$G \equiv G(T) + RT \ln f \quad (61)$$

Donde (f) es la fugacidad.

Los valores de (f) a diferentes temperaturas y presiones, deben ser hallados para cada gas real.

Adicionalmente, a la identidad anterior, se introduce la condición por la que el valor de la función (f), a medida que disminuye la presión del gas, (f) se aproxima al valor de la presión.

Cuando $P \to 0$, $f \to P$, o lo que es lo mismo: $\lim_{p \to 0} \left(\frac{f}{p}\right) = 1$

De esta manera, el método de Lewis representa un artificio matemático basado en la introducción de una nueva función (f), intermedia entre los parámetros de estado de un gas, (P) y (T) por un lado, y el *potencial isobárico* por el otro. Lewis creía que la *fugacidad* era el principio fundamental del que podía derivarse un sistema de relaciones termodinámicas reales. Esta esperanza no se hizo realidad, aunque la fugacidad encontró un lugar duradero en la descripción de los gases reales.

De la identidad (61), se evidencia que:

$$\Delta G = G_2 - G_1 = RT \ln \left(\frac{f_2}{f_1}\right) \quad (62)$$

En una mezcla de gases, (f_1) representa las presiones parciales de cada componente; por lo tanto:

$$f_1 = P_i = C_i P \quad (63)$$

Siendo (C_i) la concentración del componente (i) en la mezcla y (P) la presión total de la mezcla. Para una mezcla formada por dos fases con concentraciones C_1 y C_2 tendríamos:

$$f_1 = P_1 = C_1 P \quad (64)$$

$$f_2 = P_2 = C_2 P \quad (65)$$

Sustituyendo estas expresiones en la ecuación:

$$\Delta G = G_2 - G_1 = RT \, ln\left(\frac{f_2}{f_1}\right) \quad (62), \text{ se obtiene:}$$

$$\Delta G = G_2 - G_1 = RT \, ln\left(\frac{f_2}{f_1}\right)$$

Simplificando:

$$\Delta G = RT \, ln\left(\frac{C_2}{C_1}\right) \quad (66)$$

Como se puede observar la ecuación expresa la relación entre la *energía libre* y la concentración, bajo condiciones de presión y temperatura constantes, y queda demostrado que, la variación de la energía libre es logarítmicamente proporcional al cociente de las concentraciones.

Cuando se diluye una disolución, por adición de agua ($C_1 > C_2$), su *energía libre* disminuye y su *entropía* aumenta, las moléculas están más separadas y, por tanto, más distribuidas al azar. Inversamente, cuando se concentra una disolución diluida ($C_2 > C_1$), su *energía libre* aumenta.

Por tanto, se requiere la introducción de *energía libre* para transferir un soluto en contra del gradiente desde una solución a una concentración determinada, a un compartimiento cuya concentración es superior ($\Delta G > 0$) y a la inversa, cuando un soluto difunde espontáneamente a favor del gradiente, a un compartimiento de concentración más baja se produce un descenso de *energía libre* $(AG < 0)$.

Por lo tanto, en términos termodinámicos, el transporte activo celular se define, de modo riguroso, *como un proceso de transporte que requiere de energía libre adicional, aportada por el metabolismo celular*, mientras que el transporte pasivo (difusión simple), se define como *el proceso de transporte que ocurre a expensas de la energía libre propia del sistema*.

EL ENFOQUE CLÁSICO DE LA DIFUSIÓN.

El enfoque clásico de la difusión parte del análisis de la *concentración*. Se define por *concentración* a la cantidad relativa de un componente en una solución que, junto a la *presión* y la *temperatura*, constituyen los parámetros de estado de una solución. Las concentraciones se pueden calcular por diferentes métodos y expresarse en distintas unidades.

Las cantidades de los componentes se pueden referir a una determinada cantidad de solución o a una cantidad determinada de solvente (*fase dispersante*).

Las cantidades de las sustancias disueltas (*fase dispersa*), se puede expresar en unidades de peso y en moles. La cantidad de solvente o de solución (*fase dispersante*), se expresa en unidades de peso, ya sea en moles o en unidades de volumen.

CONCENTRACIÓN DE FRACCIÓN DE PESO (Cg_i).

Es la relación entre el peso (g) de un componente dado (i), por la unidad de peso de la solución. Esta relación expresada en tanto por ciento, es el peso del componente dado por cien unidades de peso de la solución:

$$Cg_i = \frac{\overline{g}_i}{\sum g_i} \quad (67)$$

$$Cgt_i = 100 \, Cg_i \quad (68)$$

CONCENTRACIÓN MOLAR (C_i).

Esta es la relación entre el número de moles del componente (n_i) por mol de solución:

$$C_i = \frac{n_i}{\sum n_i} \quad (69)$$

Las partes molares son las más cómodas al estudiar teóricamente (termodinámicamente) las soluciones.

De la expresión anterior, se ve que:

$$\sum C_i = 1$$

CONCENTRACIÓN EN FRACCIÓN DE VOLUMEN (C_{v_i}).

Es la relación entre el volumen de un componente puro (V_i) por la unidad de volumen de solución (V):

$$C_{v_i} = \frac{V_i}{V} = \frac{V_i n_i}{V} (70)$$

Donde (V_i) es el volumen parcial del componente dado.

CONCENTRACIÓN MOLAR VOLUMÉTRICA (Cm_i).

Es el número de moles de un componente (n_i) por unidades de volumen de la solución:

$$Cm_i = \frac{ni}{V} \quad (71)$$

Cuando la unidad de volumen se mide en litros a (Cm_i) se le llama *molaridad*. Esta forma de expresar la concentración se aplica ampliamente en la química analítica, sobre todo como concentración volumétrica equivalente, es decir, *el número de equivalentes gramos por litro de solución*.

El enfoque clásico de la difusión plantea que la difusión es un fenómeno de penetración de dos o más sustancias, que están en contacto una dentro de otra, y consiste en que cada uno de los componentes pasa desde donde la concentración es mayor hacia donde la concentración es menor, es decir, en dirección del decrecimiento de la concentración.

La difusión que conduce a igualar las concentraciones, es decir, a la disminución de la diferencia de concentración, se llama *difusión no estacionaria*; mientras que la difusión que se establece a través de una diferencia de concentración y que se mantiene en el tiempo, se denomina *difusión estacionaría*; para esto, es necesario, por ejemplo, añadir constantemente en una parte del recipiente el componente dado, y de la otra parte, quitárselo en la misma cantidad.

Considérense dos volúmenes, físicamente próximos e infinitesimales, de sustancia, en los cuales las concentraciones de átomos (o moléculas), que difunden, son respectivamente (C) y $(C + dC)$. Si estos dos volúmenes se hallan entre sí, a una distancia (dx), entonces la relación dC/dx caracterizará la rapidez con que varía la concentración a lo largo de la distancia (dx). A esta relación se le denominará, de acuerdo con la definición matemática rigurosa, *gradiente de concentración*.

Si elegimos el eje (x) (donde transcurre la difusión) de manera que su sentido positivo sea el mismo que el de la difusión, la magnitud (dC/dx) será negativa; puesto que al pasar el tiempo esta irá disminuyendo (si estamos frente a una difusión *no estacionaria*).

Sin embargo, esto no significa que todas las moléculas, formarán un flujo continuo hacia un lado; al contrario, el movimiento de la difusión conserva en un grado considerable los rasgos del desorden propio del movimiento molecular (véase movimiento browniano).

Las moléculas se mueven en todos los sentidos, incluso hacia la parte en que la concentración es mayor, aunque claro está, la probabilidad de que las moléculas se desplacen hacia el lado de menor concentración es mayor. En otras palabras, esto quiere decir que *a través de una superficie imaginaria colocada entre las fases de la difusión, serán más partículas las que pasen desde la parte de mayor concentración a la de menor concentración, que en sentido opuesto.*

Las ecuaciones bifásicas de la difusión fueron escritas, desde 1855, por el médico y fisiólogo alemán Adolf Fick (1829-1901). La idea principal de Fick consistía en el "movimiento difusivo", considerando que la penetración de la sustancia disuelta en el disolvente, es totalmente análoga a la penetración del calor a un conducto de calor.

Para él, desde el punto de vista matemático, pueden utilizarse las mismas ecuaciones que empleaba Fourier en los problemas de la conductividad calorífica: *"Es suficiente sustituir en la ley de Fourier, las palabras cantidad de calor por cantidad de sustancia disuelta y la palabra temperatura por concentración de la disolución".*

De acuerdo con esta analogía, en el caso unidimensional, la primera ley de Fick enuncia que la corriente de difusión en un sistema de dos componentes está relacionada con el número de moles (dn) del componente (i) que difunde a través de un área dada (A) en un cierto tiempo (dt) y bajo un gradiente de concentración molar (dC/dx)

Esta ley puede expresarse como *diferencial de flujo*:

$$\frac{dn_i}{dt} = DA\left(\frac{dC_i}{dx}\right) \quad (72)$$

Más en rigor, de acuerdo al concepto y propiedades del *gradiente*, queda según la siguiente ecuación diferencial:

$$\frac{dn_i}{dt} = -DdA\left(\frac{\partial C_i}{\partial x}\right) \quad (73)$$

Es decir, (dn_i) es el diferencial de masa del primer componente que en el tiempo (dt) se traslada a través del área elemental (dA) en la dirección (x), normal a la superficie que se considera y en el sentido en que disminuye la *concentración* de dicho componente, $(\partial C_i / \partial x)$ es el *gradiente de concentración* y D es el *coeficiente de difusión*. El signo menos de la parte derecha de la ecuación indica que la corriente de difusión está dirigida hacia el lado del decrecimiento de la *concentración*.

En el caso en que se considere una difusión tridimensional, la variación de la concentración respecto al tiempo, a temperatura constante y en ausencia de fuerzas externas, se determina por la denominada *ecuación diferencial de la difusión,* que se expresa como:

$$\frac{\partial C}{dt} = \frac{\partial\left(D(\partial C|\partial x)\right)}{\partial x} + \frac{\partial\left(D(\partial C|\partial y)\right)}{\partial y} + \frac{\partial\left(D(\partial C|\partial z)\right)}{\partial z} \quad (74)$$

Donde (D) es coeficiente de difusión y $\partial x, \partial y, \partial z$, son desplazamientos sobre las coordenadas cartesianas de las dimensiones del espacio. En el caso de los gases a elevadas concentraciones, el coeficiente D es independiente de la concentración y la ecuación toma la forma de:

$$\frac{\partial C}{dt} = D\nabla C \quad (75)$$

Donde (∇), es el operador simbólico de Hamilton $\ll NABLA \gg$

A esta expresión se le conoce, como La Segunda Ley de Fick para la difusión. La ecuación de difusión (conocida también como ecuación del calor), se resuelve a través de diferentes métodos, dentro de los cuales, se usan frecuentemente, el método de separación de variables de Fourier, el cálculo operacional de Laplace-Carson-Heaviside y el método de la fuente de las funciones de Green.

La principal dificultad para el empleo de las ecuaciones de Fick, es la determinación del coeficiente de difusión (D). Esto se debe, entre otras cosas, al gran número de condiciones de que depende:

- Las propiedades de las sustancias que difunden, tales como su peso molecular y su radio atómico efectivo.

- Las propiedades del medio en que difunde, tales como su viscosidad, su estado de agregación, etc.

- En cierta medida de la propia concentración de la sustancia que difunde.

- De la presión y temperatura del sistema donde se desarrolla el proceso de la difusión.

Por estas razones, el cálculo de este coeficiente se efectúa de forma experimental. En la determinación experimental de este coeficiente, como regla, se analiza la variación de la *concentración* de la sustancia difundente con la profundidad de penetración (distancia, espesor de la membrana, etc.) y el tiempo $\left[C_{(x,t)}\right]$, o la variación de la cantidad de sustancia en la muestra de espesor (L) con el tiempo $\left[n_{(L,t)}\right]$ Los métodos menos exactos están relacionados con la medición de la profundidad de penetración de la sustancia difundente.

Los métodos experimentales que permiten obtener las curvas de concentración, se dividen en directos e indirectos. Los directos permiten medir directamente la concentración o la cantidad de sustancia; y son los ponderales, químicos, radioquímicos, espectrales y radiológicos (en estos últimos se emplean isótopos radioactivos). Los métodos de análisis directo roentgen-espectral y las sondas electrónicas, se usan en la actualidad con mayor frecuencia. Los métodos indirectos miden la concentración o cantidad de sustancia a través del cambio de alguna de sus propiedades más frecuente, su microsolidez, electroconductividad, propiedades magnéticas, etc.

Se ha demostrado, además, que el coeficiente de difusión en relación con la temperatura, mantiene una dependencia exponencial, según una ley análoga de la ecuación de Arrhenius: $D = k\, e^{-H/RT}$

Donde (H) es la entalpía de activación, (k) es la constante de Boltzman y R es la constante universal de los gases. Einstein en 1908, estudiando el movimiento browniano, encontró la relación entre el coeficiente difusión (D) y el desplazamiento promedio de las partículas coloidales:

$$\overline{X}^2 = 2Dt \quad (76)$$

Esta relación proporciona la posibilidad de determinar (D), a partir de la medición experimental de (X). con ayuda del ultramicroscopio. Por otra parte, aplicando la ley de Stokes, Einstein encontró también la dependencia del coeficiente de difusión (D) con la viscosidad del medio y el radio de las partículas. Expresión que se conoce con el nombre de *ecuación de difusión de Einstein*:

$$D = \frac{RT}{N^{\underline{o}}} \frac{1}{6\pi\eta r} \quad (77)$$

Donde (R) es la constante de los gases, (T) la temperatura, $(N^{\underline{o}})$ el número de Avogadro, (η) el índice de la viscosidad y (r) el radio de la partícula. A partir de aquí se puede obtener el radio de la partícula y su masa molecular.

LA DIFUSIÓN EN LOS ORGANISMOS VIVOS. EL ENFOQUE CLÁSICO

Al analizar la difusión en los organismo vivos, debemos tomar como punto de partida la *permeabilidad celular*, para lo cual partimos de la difusión de las sustancias en estado libre. Hay que tener presente que en la célula la difusión se realiza en tres fases:

1. Medio externo.
2. Membrana celular.
3. Medio interno.

Y dos etapas:

1. Entre el medio externo y la membrana.
2. Entre el medio interno y la membrana.

Consideremos entonces el caso de la difusión simple a través de la membrana.

El espesor de la membrana (ϑ) es la frontera entre las soluciones y constituye la distancia que debe recorrer el componente que difunde, por lo tanto, toda la diferencia de concentración se establece a través de dicho espesor.

Así, la ecuación de la Ley de Fick (72) puede expresarse como:

$$\frac{dn_i}{dt} = -DA\left(\frac{C_{int}-C_{ext}}{\vartheta}\right) \quad (78)$$

Reagrupando:

$$\frac{dn_i}{dt} = -\frac{D}{\vartheta}A\left(C_{int} - C_{ext}\right) \quad (79)$$

Donde (C_{int}) es la concentración del componente en el interior de la membrana, (C_{ext}) es la concentración del componente en el exterior de la membrana y la razón (D/ϑ), se denomina *constante de permeabilidad*, siendo sus dimensiones de velocidad (cm/seg); con ella se define cuantitativamente la mayor o menor facilidad con que una sustancia dada puede atravesar la membrana, es decir, cómo es la conductividad de la membrana para dicha sustancia.

La aplicación directa de la ecuación (79) a las membranas celulares presenta múltiples dificultades:

PRIMERO. Las concentraciones de las sustancias de prueba en las membranas celulares pueden no ser las mismas que en las soluciones experimentales, o que las determinadas por el análisis del contenido celular total. En el interior de las células las sustancias pueden estar combinadas o en compartimientos, las vías tortuosas a través del tejido conectivo o los espacios extracelulares muy restringidos pueden impedir la difusión hacia la membrana.

SEGUNDO. Algunos metabolitos, tales como los azúcares y los aminoácidos pueden atravesar la membrana mediante transportes especializados o por regiones específicas; mostrando entonces una cinética de saturación diferente de la simple relación de permeabilidad ilustrada en la ecuación (79). Este tipo de transporte ha sido denominado *difusión facilitada*.

TERCERO. Los movimientos de iones se encuentran bajo la influencia de la diferencia de potencial eléctrico que existe entre ambos lados de la membrana y que deben ser motivo de un análisis futuro, las permeabilidades de las membranas de tejidos excitables como la de los nervios y músculos, que dependen de estos potenciales.

CUARTO. Algunas de las más antiguas determinaciones de la permeabilidad de la membrana fueron realizadas mediante el estudio de la entrada masiva de sustancias a la célula, acompañada de movimientos osmóticos de agua; simultáneamente, cuando esta penetra con los solutos y puede arrastrar algunos, simplemente como resultado de la diferencia de concentración a ambos lados de la membrana.

Sin embargo, es posible aplicar directamente la ecuación (79) a las células inextensibles, como las células vegetales que no se ingurgitan y admiten agua por la entrada masiva de soluto; o en aquellos casos donde se utilicen isótopos radiactivos.

Las medidas válidas de permeabilidad indican que el paso de sustancias a través de una membrana es tanto más fácil cuanto menor sea la molécula y mayor sea la solubilidad en lípidos. Las moléculas pequeñas como el agua y el metanol atraviesan la membrana con gran facilidad (efecto de tamiz molecular) y lo mismo ocurre con las moléculas liposolubles como el éter.

> Periódico Granma, miércoles 13 de junio de 1984: *"Las armas binarias son fáciles de manipular y de conservar, pues están compuestas por dos gases que son inofensivos mientras no se combinan. Incluso se pueden almacenar por separado y hasta se pueden tocar con la mano".*
>
> *"De tales gases debe añadirse que solamente son peligrosos cuando se mezclan... causan la muerte de la persona al minuto de haberlo inhalado..."*
>
> *"Los gases binarios provocan la muerte mediante la paralización de los músculos que controlan la respiración y otras funciones vitales. Penetran a través de la piel y los pulmones. Una sola inhalación paraliza el sistema nervioso..."*

EL AGUA Y LA VIDA

Todos los gases relacionados con la Fisiología respiratoria son moléculas simples que se mueven con libertad entre sí a través del proceso llamado *difusión*. También sucede así con los gases disueltos en los líquidos y tejidos del organismo.

La presión que ejerce un gas sobre una superficie es, según la teoría cinético-molecular, causada por los impactos o choques constantes de las moléculas que se mueven; obviamente, cuanto mayor sea la concentración del gas (C_i), mayor será también la suma de la fuerza de impacto de todas las moléculas que chocan con la superficie en un instante determinado. Por lo tanto, la Presión Parcial de un gas (P_i) es directamente proporcional a su *concentración* y también a la *energía cinética promedio de sus moléculas* (temperatura). Así, cuando mayor sea la temperatura mayor será la presión; pero en el organismo, la temperatura permanece relativamente constante en un valor de 37 °C, de forma tal que esta, en condiciones de normalidad, no suele resultar un factor importante a considerar en la difusión de los gases en el interior del cuerpo.

Como se había enunciado al iniciar el estudio de la difusión en los gases, *la presión parcial de un gas en una mezcla de gases reales podía considerarse como la fugacidad del gas* (f_i), *que es igual a su concentración* (C_i) *multiplicada por la presión total de la mezcla* (P), *lo cual se expresó a través de la ecuación*: $f_i = P_i = C_i P$ (63).

De acuerdo a esta expresión, si despejamos la concentración:

$$C_i = P_i / P$$

Encontramos que *la concentración* del gas depende de la magnitud de la presión (si se trata de una mezcla de gases).

La *concentración* de un gas disuelto en un líquido (C_{ig_i}) depende igualmente de la presión parcial (P_i) del gas en el líquido y además de su solubilidad en el líquido, esta se expresa como el coeficiente de solubilidad (S_i) del siguiente modo:

$$C_{ig_i} = S_i\, P_i \quad (80)$$

Un gas se disuelve en un líquido hasta que la velocidad de escape de las moléculas del gas (*volatilidad o fugacidad*) desde la superficie de la solución es exactamente igual a la velocidad a la cual las moléculas del gas penetran en la fase líquida.

La solubilidad de cada uno de los gases de una mezcla de gases, es directamente proporcional a sus presiones parciales, siendo la solubilidad de cada gas independiente de la de los otros que forman la mezcla.

Por ejemplo, la solubilidad del oxígeno en agua es casi dos veces mayor que la del nitrógeno y, por lo tanto, el aire disuelto en ella, será considerablemente más rico en oxígeno que el aire sobre la superficie del agua.

La solubilidad de los gases en los líquidos disminuye al aumentar la temperatura. Es un hecho común, que cuando se deja un vaso de agua fría en una habitación, una vez que adquiere la temperatura ambiente, muestra en su interior la presencia de muchas burbujas de aire. A medida que aumente la temperatura, la velocidad de emisión de moléculas del gas disuelto en el líquido, será mayor.

Estas consideraciones tienen su fundamento en la llamada ley de Henry (1803), que se expresa en la ecuación $C_{ig_i} = S_i P_i$ (80). Esta ley es rigurosamente justa, únicamente para disoluciones ideales, (que cumplen la ley de Raoult). En las disoluciones reales siempre se observan desviaciones de la ley de Henry.

Cuando las *concentraciones* se expresan en volúmenes del gas disuelto por cada volumen de agua a 0 °C, y a presión atmosférica, los coeficientes de solubilidad (S_i) de diferentes gases a temperatura corporal, son los siguientes:

Oxigeno	0,024
Dióxido de Carbono	0,57
Monóxido de Carbono	0,018
Nitrógeno	0,012
Helio	0,008

Por otra parte, Thomas Graham en 1829 enunció la *Ley de la Difusión*, que expresaba: *"La velocidad de difusión de un gas es inversamente proporcional a la raíz cuadrada de su densidad"*. Alternativamente, se puede deducir que esta velocidad de difusión es inversamente proporcional a la raíz cuadrada del Peso Molecular.

Si se tiene en cuenta los fundamentos de la Ley de Henry (1803), la Ley de Graham (1829) y la Ley de Fick (1855), se puede plantear que, en sentido general, los factores que afectan la *Intensidad de Difusión* de un gas en un líquido son:

1- El gradiente de Presión del gas (P_i).

2- La solubilidad del gas en líquido (S_i).

3- El Área transversal de contacto con el líquido (A).

4- La distancia a través de la cual debe difundir el gas (ϑ ó x).

5- El Peso Molecular del gas (P_{m_i}).

6- La Temperatura del líquido (T).

En el caso del ser humano, donde la temperatura del medio interno es constante (Homeotermo), así que no se requiere tener en cuenta este factor; por otra parte, en los pulmones la difusión de gases se establece entre la mezcla de gases de los alveolos y los capilares pulmonares, a través de la membrana respiratoria. En el hombre, durante el proceso de la ventilación se producen variaciones de al menos tres factores:

1. Las Presiones parciales de los gases respiratorios (aire) (P_i).

2. La superficie de la membrana respiratoria (Área transversal de contacto con el líquido) (A).

3. Grosor de la membrana respiratoria (La distancia a través de la cual debe difundir el gas) $(\vartheta$ ó $x)$.

Manteniéndose constantes la solubilidad del gas en el líquido (S_i) (coeficiente de solubilidad), la temperatura (T) y el Peso Molecular (P_{m_i}).

Estos factores pueden ser expresados de la siguiente manera:

La intensidad de la difusión (I_d), es proporcional a la siguiente expresión:

$$I_d \propto \frac{S_i \; \Delta P_i \; \Delta A}{\sqrt{P_{mi}} \; \Delta \vartheta}$$

Si se considera la ecuación de Fick (72), de forma incrementada, para nuestro caso:

$$\frac{\Delta n_i}{\Delta t} = D(\Delta A)\frac{\Delta C_i}{\Delta x} \quad (81)$$

Donde $(x = \vartheta)$(espesor de la membrana) y:

$$\Delta C_i = \Delta C_{ig_i} = S_i \Delta P_i$$

A partir de estas consideraciones y teniendo en cuenta los elementos constantes de la intensidad de la difusión, se obtiene esta expresión:

$$\frac{\Delta n_i}{\Delta t} = \frac{S_i}{\sqrt{P_{mi}}} \, (\Delta A) \, \frac{\Delta P_i}{\Delta \vartheta} \qquad (82)$$

Donde el término $(S_i / \sqrt{P_{mi}})$, es el *coeficiente de difusión* para un gas determinado, el cual, como se observa en la ecuación, no es más que la relación del *coeficiente de solubilidad* del gas (S_i) y la raíz cuadrada de su peso molecular $(\sqrt{P_{mi}})$; y representa los factores del gas en el proceso de la difusión.

El término $(\Delta A / \Delta \vartheta)$ representa los factores inherentes a la permeabilidad de la membrana en el proceso de la difusión, así, en el caso de la membrana respiratoria ocurre que, durante la inspiración, con la expansión, de los pulmones, aumenta el área efectiva de la difusión y disminuye el espesor de la membrana, lo que trae como consecuencia, que durante la inspiración se favorezca la entrada de oxígeno a la sangre la salida de dióxido de carbono hacia los alveolos pulmonares.

En la espiración, por el contrario, se produce retracción pulmonar, disminuyendo el área efectiva de la difusión y aumentando el espesor de la membrana respiratoria, por lo que se hace más difícil el proceso de difusión estacionaria que transcurre a nivel alveolar.

El término (ΔP_i), indica la diferencia de las presiones parciales que se establece entre un gas dado la mezcla gaseosa en los alveolos y la presión parcial del propio gas en los capilares pulmonares. Esta diferencia de presiones (ΔP_i) varía dentro un rango pequeño en el tiempo, porque siempre se está restituyendo el aire alveolar, cada respiración y las presiones del gas en la sangre por la propia circulación sanguínea

El recambio gaseoso alveolar se efectúa además en forma lenta, en cada respiración se recambia solamente la séptima parte del aire alveolar, esta sustitución lenta del aire alveolar; tiene particular importancia porque evita cambios bruscos en la concentraciones de los gases en la sangre; todo lo cual resulta en mayor estabilidad del mecanismo de control respira torio y determina que no se produzcan variaciones (incrementos o decrementos) excesivas en la oxigenación de los tejidos así como de las concentraciones de CO_2 y del pH tisular, cuando la respiración se interrumpe temporalmente en cada ciclo respiratorio.

CAPÍTULO II.
LA FUERZA DEL AGUA

"Lentamente, levanté el cubo hasta el brocal.
Lo puse en firme. En mis oídos seguía el canto de la roldana, y en el
agua que temblaba todavía, vi estremecerse el sol
— tengo sed de esta agua — Dijo el pequeño príncipe
— dame de beber — ...Y comprendí lo que él había buscado.
Levanté el cubo hasta sus labios. Bebió con los ojos cerrados.
Todo era dulce como una fiesta. Esta agua era más que un
alimento. Había nacido de la marcha bajo las estrellas, del canto de
la roldana, del esfuerzo de mis brazos.
Era buena para el corazón como una dádiva..."

Antoine de Saint-Exupery.

¿Tienen sed los peces? ¿Hacia dónde difundirá el agua? ¿Hacia adentro o hacia afuera del pez? El proceso de difusión del agua lo dirige la presión osmótica de las soluciones creadas por las sustancias en ellas disueltas. La epidermis, las mucosas, las branquias y otras partes del cuerpo del pez, así como las membranas de las células de sus órganos y tejidos son permeables al agua y, por el contrario, son impermeables a las sales y otras sustancias. Cuanto mayor sea la cantidad de sustancia, tanto más alta será la *presión osmótica* y con mayor fuerza la solución aspirará el agua.

La *presión osmótica* en el agua dulce es prácticamente cero, pero en la sangre y en los líquidos tisulares de los peces que viven en este medio, esta oscila entre 6 y 10 atmósferas. Con esta fuerza, el organismo de estos peces absorbe agua, que desde el exterior ingresa intensamente a sus cuerpos.

Si no tuvieran una adaptación para expulsar con rapidez este exceso de agua, el cuerpo del pez se hincharía enseguida y moriría. *Así es como los peces de agua dulce nunca sienten necesidad de beber agua.*

Sin embargo, en el agua del mar hay más sales que en los tejidos de los peces que la habitan. La presión atmosférica del agua oceánica es de 32 atmósferas aproximadamente; mientras que, en el organismo de los peces marinos (espinosos) tan solo alcanza un valor entre 10 y 15 atmósferas. Por eso, el insaciable océano succiona con avidez el agua de sus cuerpos, de modo que el agua del mar es capaz de deshidratar a los peces que nadan en esta. *Es así, como los peces marinos (espinosos) parece que siempre tendrán la necesidad de beber agua.*

El fenómeno de la presión osmótica fue descrito en 1748, por Jean-Antoine Nollet (1700- 1770), un clérigo y físico francés que fue conocido también como Abbé Nollet, quien descubrió la existencia de las membranas semipermeables. Nollet obtuvo una membrana a partir de una vejiga de cerdo, colocó alcohol a un lado y agua al otro, y observó que el agua fluía a través de la vejiga para mezclarse con el alcohol, pero el alcohol no lo hacía.

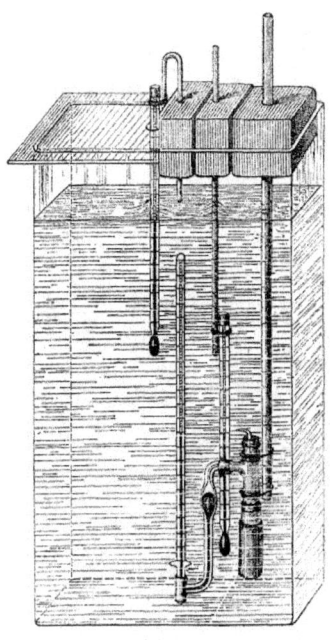

Figur 5

Posteriormente, en 1877, Wilhelm Friedrich Philips Pfeffer (1845 - 1920), un botánico y fisiólogo vegetal, utilizó un osmómetro (figura), hecho con un tabique fabricado por él, a base de $[Cu_2 Fe(Cn)_6]$, midió la presión osmótica de soluciones acuosas del azúcar de caña y otras moléculas orgánicas, logrando presiones de hasta algo más de 200 atmósferas. Demostrando experimentalmente este fenómeno.

Posteriormente, entre 1906 y 1909, Berkeley y Hartley, construyen un osmómetro mejorado (figura) y desarrollan un método experimental para la medición de la presión osmótica en soluciones acuosas, el cual lleva sus nombres. Por ejemplo, construyeron una tabla para los valores de presión osmótica en las soluciones de azúcar, de caña y de glucosa a 0 °C.

Jacobus Henricus van't Hoff (1852 - 1911) un químico neerlandés, ganador del Premio Nobel de Química en 1901 por establecer los principios de la estereoquímica y de la cinética química, fue quien, basándose en los datos experimentales de Pfeffer, demostró en 1886 que, en las soluciones diluidas, la presión osmótica y las concentraciones de la solución, guardan una relación, que coinciden, en su forma, con la ley de Boyle-Mariotte para los gases ideales.

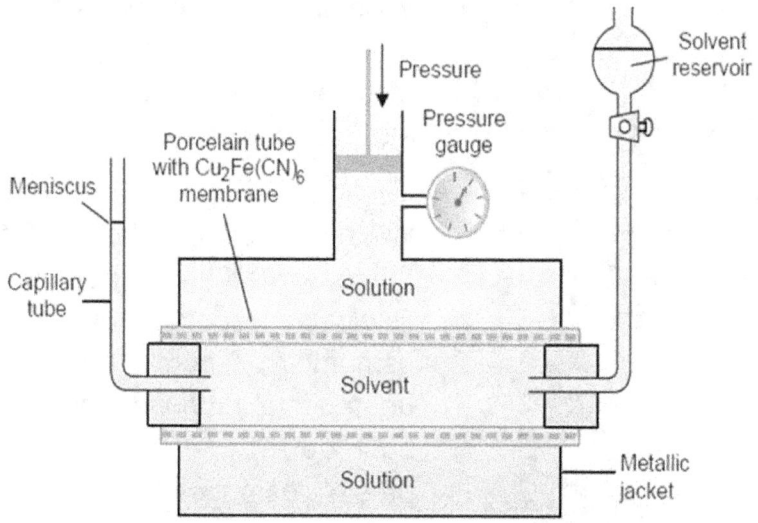

El parecido hallado por van't Hoff para las soluciones diluidas, entre las ecuaciones de la presión osmótica en función de las concentraciones y la presión de los gases ideales, sirvió de base para la idea tan fundida a fines del siglo XIX y a principios del XX sobre *la presión osmótica, como el resultado del choque de las moléculas de sustancia disuelta contra el tabique semipermeable.* Finalmente, y a pesar de que los razonamientos de van't Hoff fueron comprobados con exactitud con posterioridad, esta interpretación fue abandonada por ser errónea.

Vamos a analizar el caso especial de la difusión del agua u otros solventes en presencia de una membrana semipermeable que permite su paso, pero que resulta impermeable a la sustancia disuelta.

Considérese, por ejemplo, un recipiente dividido en dos compartimientos a través de una membrana semipermeable;

si uno de los compartimientos contiene agua pura y el otro, solución acuosa, el agua difundirá en forma espontánea desde el lado que posee agua pura (*mayor potencial químico*), hacia el lado ocupado por la solución acuosa (*menor potencial químico*). A este flujo espontáneo y neto de agua se le conoce como *ósmosis o corriente osmótica.*

La fuerza (por unidad de superficie), que hace pasar al solvente a través del tabique semipermeable a la solución, se llama *presión osmótica* y estará originada, en rigor, por la existencia de un *gradiente de potencial químico* del solvente (agua).

A consecuencia de la ósmosis, es decir, por el paso de agua hacia la solución, el nivel de la misma se elevará en el recipiente central (1), creándose una presión adicional por el peso de la columna, que se opone al propio proceso de la ósmosis (véase figura).

A una determinada altura (h) de la columna líquida, en el recipiente central se establecerá un equilibrio entre la solución y el solvente puro. Si se aumentara la presión exterior al recipiente central, se obligará a pasar el agua hacia el recipiente externo (2); en este último caso, la concentración de la solución del recipiente central (1) aumentará hasta que se alcance un nuevo estado de equilibrio, que corresponda al aumento de la presión.

De esta manera, a cada estado de equilibrio entre una solución de cierta concentración y su solvente puro, separados por una membrana semipermeable, le corresponderá una presión sobre la solución que impedirá el paso del agua y logrará - el equilibrio, esta presión se denomina *hidrostática*, y su magnitud es igual a la de la *presión osmótica.*

En la práctica es la *presión hidrostática* la que se puede medir y, por lo tanto, en la condición de equilibrio, obtendremos el valor de la magnitud de la *presión osmótica* midiendo la *presión hidrostática*.

OSMOMETRO DE GRAVEDAD

RECIPIENTE CENTRAL (1) RECIPIENTE EXTERNO (2)

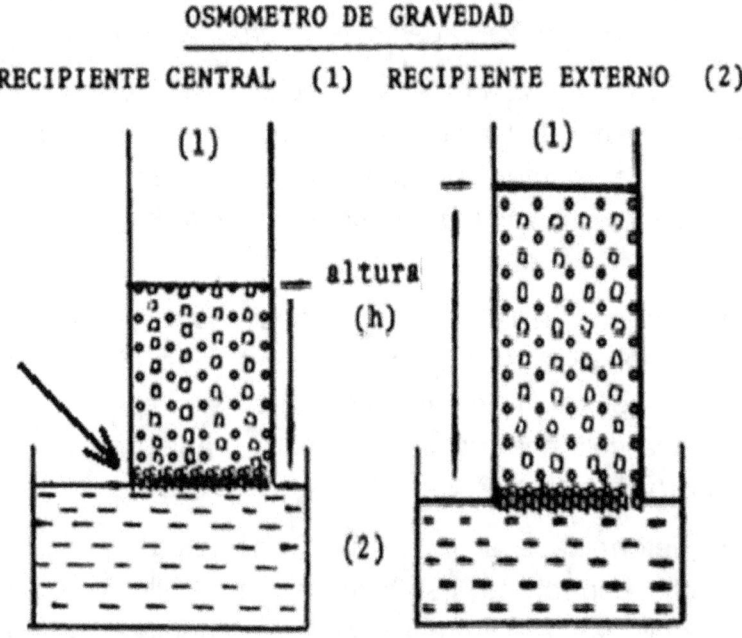

NOTA: En la figura se representa a la membrana semipermeable de color más oscuro señalándose con una flecha

En un osmómetro de gravedad como el de la figura, la *presión osmótica* de la solución se puede obtener de la siguiente ecuación:

$$\Pi = h\rho g \quad (83)$$

Donde (Π) es la presión osmótica, (h) es la altura de la columna de solución en el capilar necesaria para equilibrar la *fuerza osmótica*, (ρ) es la densidad de la solución en el estado de equilibrio y (g) la aceleración de la gravedad.

De acuerdo a los razonamientos de Van't Hoff, comprobados más tarde, se deduce que la *presión osmótica* cumple la relación Mendeléiev-Clapeyron:

$$\Pi = \left(\frac{m}{VP_m}\right)RT \quad (84)$$

Donde (m) es la masa, (P_m) es el peso molecular, (V) es el volumen, (R) la constante de los gases y (T) la temperatura.

Si definimos la magnitud *concentración de la disolución* $(C = m/V)$; en la ecuación anterior (83), obtenemos que:

$$\Pi = \left(\frac{C}{P_m}\right)RT \quad (85)$$

Esta ecuación se conoce como fórmula de Van't Hoff, de la cual se deduce, que, para un soluto dado, a temperatura constante, la *presión osmótica* (Π) es directamente proporcional a la concentración (C). Si la concentración no varía, la *presión osmótica* es directamente proporcional a la temperatura absoluta de la disolución y finalmente, que, para diferentes solutos, cuyas concentraciones y temperaturas sean iguales, la *presión osmótica* es inversamente proporcional al peso molecular (P_m)

Como la masa dividida entre el peso molecular nos da el número de moles (n), la ecuación (84), se puede expresar como:

$$\Pi = \left(\frac{n}{V}\right)RT \quad (86)$$

Pero $\left(\frac{n}{V}\right)$ es la concentración molar C_i por tanto, la ecuación (85) se puede escribir como:

$$\Pi = C_iRT \quad (87)$$

Para un gran número de soluciones diluidas, la fórmula de Van Hoff se cumple, con bastante exactitud, aunque, por ejemplo, en las soluciones de sales inorgánicas las presiones son considerablemente mayores que las soluciones calculadas por la fórmula.

Esto se explica por el hecho de que las moléculas de estas sustancias se descomponen en varias partes (disociación) al disolverse y por consiguiente, aumentará el número de partículas en la unidad de volumen del disolvente y como cada partícula ejerce de manera individual una *presión osmótica*, independiente de su naturaleza, esta aumentará en proporción directa al número de partículas no difusibles en la solución.

En otras palabras, para un volumen determinado de solución, la contribución de cantidades iguales de partículas a la presión osmótica, será la misma aun cuando estas sean grandes moléculas, pequeñas moléculas o iones. Por esta razón, la actividad osmótica desarrollada por soluciones que tienen las mismas concentraciones químicas no será necesariamente idéntica.

Por ejemplo, considérense dos soluciones, una que contenga sacarosa (0.1 molar), y otra que contenga cloruro de sodio (0.1 molar); aunque las concentraciones de ambas soluciones son iguales en términos químicos (moles / litros), las *presiones osmóticas* que desarrollan son diferentes. Este hecho se debe a que el cloruro de sodio, en solución, se presenta bajo la forma de sus iones sodio y cloro.

Por consiguiente, la *presión osmótica* de una solución 0.1 molar de cloruro de sodio, alcanzará alrededor del doble de una de 0.1 molar de sacarosa.

En el caso de las soluciones electrolíticas, si se desea correlacionar la presión osmótica con la concentración química debe multiplicarse el término (C_i) de la ecuación (87) por un factor (O_s) (coeficiente osmótico), en el cual (O_s), corresponde al número de iones producido por una molécula de electrolito.

La situación se complica aún más, por el hecho de que esta simple relación entre el número de iones producidos por un electrolito y su actividad osmótica, solamente es exacta para soluciones muy diluidas, debido a las fuerzas de atracción entre los iones de carga diferente, así como, entre estos y las moléculas de agua. El valor del coeficiente osmótico (O_s) para un determinado electrolito variará con la *concentración* de este.

En las *concentraciones* fisiológicas, la divergencia del coeficiente osmótico (O_s) de sus valores límites en las soluciones diluidas es lo suficientemente grande como para afectar de manera apreciable la precisión de los resultados obtenidos con la ecuación (87).

El fisiólogo se encuentra, con frecuencia, frente a soluciones tales como, la sangre y la orina, que contienen mezclas complejas de solutos, tanto electrolíticas como no electrolíticas y cuyas concentraciones varían dentro de límites muy amplios. En estas circunstancias, se comprende fácilmente la necesidad de contar con una unidad práctica de concentración osmótica, que sea independiente de las variaciones del coeficiente osmótico (O_s). Esa unidad es el *osmol* (osm). Se considera que una solución cuya *presión osmótica* sea 22.4 atmósferas estándar, tiene una concentración osmolar efectiva de 1 *osmol/litro*.

El *osmol* se define, para cualquier sustancia individual, como: *El peso en gramos que genera una presión osmótica de 22.4 atmósferas estándar, cuando una sustancia está disuelta en un litro de solución.* La unidad de *concentración osmótica* habitualmente empleada en Fisiología es el *miliosmol* (mosm).

Desde el punto de vista físico-químico, la *osmolalidad* *(número de osmoles / Kg de agua)*, se prefiere a la *osmolaridad (número de osmoles / litro de solución)*.

Ahora bien, en Fisiología se prefiere usar esta última: En primer lugar, porque puede haber problemas con el osmómetro y en algunas circunstancias existe una diferencia significativa entre la *osmolalidad* medida en el laboratorio y la calculada. En segundo lugar, porque dentro de los límites de las concentraciones fisiológicas normales, el error derivado del empleo de una por otra, es lo suficientemente pequeño, como para despreciarlo.

Aunque estos términos no aportan mucho a la comprensión de las causas del proceso de la difusión en las soluciones, tienen algunas propiedades esenciales positivas, dado que simplifican la elaboración matemática formal de la termodinámica de las soluciones.

La «actividad» de un componente en una solución dada, en realidad no es más que la *fugacidad* o *volatilidad relativa* (presión relativa del vapor de la fase gaseosa). En otras palabras, es la relación de la *fugacidad*, en ciertas condiciones, con respecto a la *fugacidad* en un estado estándar conocido. En el estado estándar se toma la *fugacidad* o volatilidad igual a $(f_i°)$, como presión de vapor $(P_i°)$ Y, por lo tanto, la "actividad" es igual a 1.

De esta forma se define para los gases ideales a la actividad (a_i), como:

$$a_i \equiv \frac{P_i}{P_i°} \qquad (88)$$

Y para los gases reales se define como:

$$a_i = \frac{f_i}{f_i°} \qquad (89)$$

De forma general, en las ecuaciones (88) y (89) el estado estándar se toma considerando el componente líquido puro a la misma temperatura. Sin embargo, a veces es necesario tomar otros estados estándar.

Por analogía con las ecuaciones:

$$G \equiv G(T) + RT \ln f \quad (61)$$

$$\Delta G = G_2 - G_1 = RT \ln \left(\frac{f_2}{f_1}\right) \quad (62)$$

Se obtiene la volatilidad parcial (f_i):

$$\mu_i = \mu_i(T) + RT \ln f_i \quad (90)$$

Considerando el estado estándar de referencia para la fugacidad y por analogía con la ecuación (63); se obtiene de la ecuación general (90) que:

$$\mu_i = \mu_i{}^\circ (T) + RT \ln \left(\frac{f_i}{f_i{}^\circ}\right) \quad (91)$$

Sustituyendo la expresión (89) en la (91) se obtiene:

$$\mu_i = \mu_i{}^\circ (T) + RT \ln a_i \quad (92)$$

Esta ecuación es la expresión del *potencial químico* de una solución real cualquiera. A partir de ella, se pueden obtener ecuaciones termodinámicas concretas, las cuales tendrán las mismas formas que las correspondientes para una solución ideal.

Cuando se tiene distintos valores del *potencial químico* de un componente en las diferentes partes de un sistema isotérmico, el componente pasa por difusión desde la parte del sistema con mayor valor del *potencial químico* a la parte donde esta magnitud tiene un menor valor. El componente, en segunda instancia, pasa espontáneamente de la parte de la solución donde su *concentración* es mayor a la parte donde su *concentración* es menor y finalmente el componente pasa desde donde es mayor su "actividad" hacia donde esta es menor.

TERMODINÁMICA DE LA PRESIÓN OSMÓTICA

El solvente y la solución, separados por una membrana semipermeable y en estado de equilibrio, constituyen dos fases donde uno de los componentes (solvente), puede pasar libremente de una fase a la otra y alcanzar el mismo *potencial químico* en ambas fases. Para un solvente puro, el *potencial químico* (μ_i°) es constante, a temperatura (T) y presión (P_1) constantes. En la solución, en cambio, el valor del *potencial químico del solvente* μ_1 varía en dependa de la molaridad (C_1) de la solución y de la presión (P_2) que alcanza finalmente en el equilibrio. La presión (P_2) será igual, entonces, a la suma de la presión inicial más la presión adicional hidrostática en la solución, que es de la misma magnitud, pero de sentido contrario, que la presión osmótica; *por lo que a través de la presión hidrostática podemos conocer la osmótica.*

Así, para las condiciones de equilibrio tendremos que:

$$\mu_1^\circ = \mu_2^\circ = \text{constante.}$$

Si derivamos la expresión anterior con respecto a (C_1) y a (P_2) tendremos entonces que ($d\mu_1^\circ = 0$) y, por lo tanto, la ecuación diferencial queda como:

$$d\mu_1^\circ = d\mu_2^\circ = 0 = \left(\frac{\partial \mu_1}{\partial C_1}\right)_{T, P_2} dC_1 + \left(\frac{\partial \mu_1}{\partial P_2}\right)_{T, C_1} dP_2 \quad (93)$$

Para resolver esta ecuación, analicemos cada derivada parcial en forma independiente:

Comencemos con: $\left(\dfrac{\partial \mu_1}{\partial C_1}\right)_{T, P_2}$

De la ecuación (92) tenemos que: $\mu_1 = \mu_1^\circ (T) + RT \ln a_1$

Sustituyendo μ_1 en la derivada:

$$\left(\frac{\partial(\mu_1^\circ (T) + RT \ln a_1)}{\partial C_1}\right)_{T, P_2}$$

La solución de esta derivada es:

$$\mathrm{RT} \left(\frac{\partial \ln a_1}{\partial C_1} \right)_{T, P_2} \quad (94)$$

Analicemos la otra derivada parcial de la ecuación:

$$\left(\frac{\partial \mu_1}{\partial P_2} \right)_{T, C_1} \quad (93)$$

Se toma la ecuación (42), donde se define μ_1 en función de la energía libre de Gibbs y se sustituye en la derivada parcial:

$$\left(\frac{\partial(\partial G / \partial n_1)}{\partial P_2} \right) = \frac{\partial^2 G}{(\partial n_1)(\partial P_2)} = \frac{\partial(\partial G / \partial P_2)}{\partial n_1}$$

De la identidad conocida:

$$\left(\frac{\partial G}{\partial F} \right)_T = V$$

Por lo tanto, sustituyendo queda:

$$\left(\frac{\partial V}{\partial n_1} \right)_{T, P_2}$$

Pero por inferencia directa de la ecuación (57), en relación con las magnitudes parciales, la expresión anterior no es más que $\overline{V}_1$. De este modo, la segunda derivada parcial de la ecuación (93) queda como:

$$\left(\frac{\partial \mu_1}{\partial P_2} \right)_{T, C_1} = \overline{V}_1 \quad (95)$$

Sustituyendo las ecuaciones (94) y (95) en la ecuación (93):

$$\mathrm{RT} \left(\frac{\partial \ln a_1}{\partial C_1} \right)_{T, P_2} dC_1 + \overline{V}_1 dP_2 = 0$$

Finalmente despejando dP_2:

$$dP_2 = -\frac{RT}{V_i}\left(\frac{\ln a_1}{C_i}\right)_{T,P_2} dC_1 \quad (96)$$

Considerando que $\overline{V}_1$ es aproximadamente constante en el equilibrio, si se integra, desde el estado de solvente puro (contenido en el recipiente externo de la figura del osmómetro de gravedad): $(C_1 = 1)$, $(a_1 = 1)$ y $P_2 = P_1$, hasta una concentración C_1 y una presión $P_2 = P_1$ (en la solución del recipiente central de la figura del osmómetro de gravedad), obtenemos que:

$$P_2 - P_1 = \Pi = -RT\ln\frac{a_1}{\overline{V}_1} \quad (97)$$

Así, queda demostrada la dependencia de la *presión osmótica* y la «actividad» del solvente. El signo menos, expresa el sentido de la fuerza que se opone al propio proceso de la ósmosis que, en estado de equilibrio, como se ha mencionado, es la *presión hidrostática*.

En virtud de que:

$$a_1 = \frac{P_1}{P_1{}^\circ}$$

Tenemos que:

$$\Pi = -\left(\frac{RT}{\overline{V}_1}\right)\ln\left(\frac{P_1}{P_1{}^\circ}\right) \quad (98)$$

Donde (P_1) y $(P_1{}^\circ)$ son las presiones del vapor sobre la solución y sobre el solvente puro respectivamente.

Las ecuaciones obtenidas anteriormente (97) y (98), son ecuaciones termodinámicas generales para la *presión osmótica*. Ellas demuestran que la *presión osmótica* (Π) es proporcional al logaritmo de $(P_1/P_1{}^\circ)$; a esta misma magnitud, son proporcionales también, las magnitudes ΔT del aumento de la temperatura de ebullición y la disminución de la temperatura de solidificación de una disolución (su punto crioscópico).

Finalmente, la definición de *presión osmótica* dada por la ecuación (97), demuestra que la *presión osmótica* es aquella presión que aumenta el *potencial químico* del solvente en la solución (recipiente interno de la figura del osmómetro), y con esto compensa la disminución del propio *potencial químico* del soluto, debido a la dilución del mismo. Tal compensación crea la posibilidad de un equilibrio entre la solución y el solvente puro (recipiente externo de la figura del osmómetro) en condiciones especiales (membrana semipermeable).

La ósmosis y la presión osmótica tienen una gran importancia en los fenómenos biológicos, lo cual está ligado a la existencia de la membrana celular, en los organismos vivos. Suponiendo un cierto grosor para la membrana celular (unos 100 Ángstrom), resulta posible convertir las "permeabilidades" en constantes de difusión.

Comparando entonces la difusión de cualquier sustancia en la membrana con la que ocurriría en una solución acuosa libre, se descubre que, aún, las sustancias altamente permeables, como el agua y el metanol, difunden de 3 a 6 órdenes de magnitud menos que en solución libre.

La constante de difusión de agua en agua es de 0.000024 cm/seg y en las membranas biológicas entre 0.00000000004 a 0.00000004 cm/seg. Cuando se utilizan isótopos radiactivos para estudiar la difusión del agua, se observa que la permeabilidad al agua en presencia de *gradiente osmótico* es más del doble que cuando se produce difusión simple.

Puesto que el movimiento bajo *gradiente osmótico* equivale formalmente al que ocurre bajo el gradiente de *presión hidrostática*, una posible explicación para estas diferencias de permeabilidades sería que el agua, en vez de difundir a través de la membrana, lo hiciera a través de poros a semejanza de pequeños tubos.

Otra explicación a estas diferencias de permeabilidades osmóticas y de difusión sería que el flujo de agua marcada con radioisótopos, fuera interceptada en la cercanía de la membrana por la presencia de "capas firmes", mientras que durante la ósmosis esta masa de agua logra romper estas «capas». Para esclarecer este asunto se procedió a agitar cuidadosamente la vecindad de la membrana celular y se comprobó que la diferencia en las permeabilidades osmóticas y de difusión desaparecían. *Por lo tanto, las moléculas de agua se desplazan a través de la membrana, difundiendo en ella y no pasando a través de poros.*

La ósmosis constante de agua hacia el interior de la célula, crea una *presión hidrostática* en exceso, que está determinada por la resistencia y elasticidad de los tejidos. La presión de equilibrio osmótico del líquido celular es aproximadamente de unas 4 a 20 atmósferas.

Cuando los glóbulos rojos o hematíes se colocan en una solución isotónica de unos 310 mosm/litro de un soluto, que es incapaz o prácticamente incapaz de entrar en la célula, el volumen de los hematíes no se modifica, ya que no existe, en este caso, un gradiente osmótico a través de la membrana.

Si los hematíes se colocan en una solución más concentrada (hipertónica), entonces se crenan debido a la pérdida de agua, por ósmosis y a la inversa, si las células se suspenden en una solución más diluida (hipotónica), es decir, menos de 310 mosm/litro, entonces estas se hincharían por el ingreso osmótico de agua procedente de la solución externa, cambiando su forma progresivamente hacia una esfera.

Los hematíes bajo estas condiciones pueden aumentar su volumen hasta alrededor de un 67% sin que se produzcan cambios significativos del área del glóbulo rojo. Como la membrana del hematíe tiene propiedades elásticas limitadas, no puede aumentar más su volumen sin que se lesione su membrana, de manera que, si continúa entrando agua a la célula, una vez alcanzada la esfericidad, se observa la ruptura de la membrana y el escape de su proteína roja característica, la hemoglobina. Este fenómeno recibe el nombre de *Hemólisis o Hemolisis.*

"El agua es la fuerza motriz de toda la naturaleza."

Leonardo da Vinci

Fig. XLVII.

CAPITULO III
LA FUERZA DE LA CONCENTRACIÓN

"Conociendo la fuerza y las acciones del fuego, del agua, del aire, de los astros, de los cielos y de todos los otros cuerpos que nos rodean... podríamos emplearlos en todos los usos para que son propios, y hacernos dueños y poseedores de la naturaleza."

René Descartes (1596-1650)

Desde hace mucho tiempo, el hombre, estudiando la propia naturaleza viva, ha encontrado la solución de algunos problemas técnicos: Leonardo da Vinci y Lomonósov, por ejemplo, inspirados en el estudio de las aves, diseñaron modelos de aeroplanos. Robert Von Mayer a partir de observaciones en el ser humano, enuncia el principio universal de la conservación de la energía. Esta forma de pensar constituye la esencia de la Biónica.

La Biónica está representada en un símbolo que contiene un escalpelo y un soldador entrelazados con el signo de la integral. Se ha dicho que, este expresa la unión del fisiólogo, el técnico y el matemático, esta unión permite ver lo que "nadie había visto"; y ahí radica la importancia del enfoque biónico.

La esencia principal de la Cibernética y de su hija, la Biónica, es precisamente el conocimiento de la unidad de lo vivo.

Resulta interesante que, en la naturaleza muerta, al aumentar la complejidad de los sistemas disminuye su estabilidad; en cambio, en la naturaleza viva lo complicado resulta ser más estable, de esta manera, los sistemas vivos se representan en su conjunto más estable, que cada uno de los elementos que los componen; una razón de porque *"lo vivo es capaz de sobrevivir"*. Al comparar los aparatos creados por el hombre con los seres vivos, nos percatamos de cuán lejos estamos todavía de la perfección de la naturaleza en nuestras obras.

Casi todas las máquinas que el hombre ha construido están basadas en una transformación del calor en trabajo mecánico. Para producir trabajo mecánico en general, pasa algo del calor recibido de una fuente, a otro depósito que se encuentra a una temperatura más baja, la sustancia actuante, generalmente un gas, se enfría y el calor residual es expelido a la atmósfera, más frío.

La eficiencia de estas máquinas depende de la mayor cantidad de calor que se logre convertir en trabajo mecánico, así como, para alcanzar la máxima eficiencia, teóricamente habría que aumentar infinitamente la temperatura del depósito que proporciona el calor y disminuir infinitamente la temperatura del depósito que recibe el calor; es decir, establecer la máxima diferencia de temperatura posible.

Es contraste con las máquinas que el hombre ha construido, los organismos vivos son esencialmente isotérmicos y no podrían utilizar como fuente de energía al calor, el cual pasa de un estado de temperatura elevada a uno más bajo.

En la actualidad, se sabe que los sistemas biológicos transforman energía química directamente en trabajo de un modo mucho más eficiente que cualquier máquina de calor inventada por el ser humano. Este tipo de conversión de energía en trabajo, se conoce como mecanoquímica, y es un único proceso de conversión de energía, utilizado por todos los sistemas vivientes para producir trabajo biológico, tanto químico como mecánico; y todo a partir de la energía química potencial de los alimentos.

De modo que, *los seres vivos no funcionan como una máquina de vapor, o como un motor eléctrico, o como una planta termonuclear.*

¿Podría el hombre dejar de aprovechar la atrayente idea de hacer con sus propias manos lo que había creado ya la naturaleza?

A fines de la década del cuarenta, Aharon Katchalsky demostró, que la energía química puede convertirse directamente en mecánica mediante el uso de *La Fuerza de la Concentración*, por un proceso de *difusión*. Así nació la primera máquina hecha por el hombre, capaz de realizar una conversión mecanoquímica, la cual se creía limitada únicamente para los organismos vivos, *La Máquina de Katchalsky*, un logro de la Biónica.

Los procesos de difusión donde se produce intercambio de masa están regidos solamente por la fuerza impulsora del *gradiente de potencial químico,* cuando no coexistan elementos, que generen campos eléctricos, gravitacionales, etc.

Es decir, donde la difusión dependa únicamente de una fuerza química, en estos casos, se puede afirmar que, también se establece un *gradiente de concentración químico*, como fuerza impulsora de la difusión, en la misma dirección de su flujo y del *gradiente de potencial químico*.

Los procedimientos experimentales y los cálculos matemáticos para el estudio de los procesos de difusión, donde únicamente intervienen fuerzas químicas, se hacen a partir de la *concentración* y no del *potencial químico*.

¿Bajo qué condiciones pueden hallarse las relaciones entre el *potencial químico* y la *concentración*?

LAS CONDICIONES IDEALES

En una solución ideal, para cualquier componente (i), la *fugacidad* (f_i), es igual a la *concentración molar* (Ci) multiplicada por la *fugacidad* (f_i°)del componente (i) en estado de pureza, en la misma fase, a la misma temperatura.

$$f_i = Cif_i^\circ \qquad (99)$$

De la definición de *actividad* en la ecuación (89) y considerando el estado estándar, como el estado de pureza del componente, se obtenía:

$$a_i = \frac{f_i}{f_i^\circ}$$

Despejando (Ci) en la ecuación (99) se obtiene que:

$$a_i = \frac{f_i}{f_i^\circ} = Ci \quad (99a)$$

Es decir, que una solución ideal, la actividad de cualquier componente es siempre igual a su concentración molar (Ci), de acuerdo a la ecuación:

$$\mu_i = \mu_i^\circ (T) + RT \ln a_i \quad (92),$$

Así se obtiene que el *potencial químico* en una solución ideal $I(id)$ se expresa como:

$$\mu_i (id) = \mu_i^\circ (T) + RT \ln C_i \quad (100)$$

Cuando la solución se aleja de la idealidad, es decir, en soluciones reales, ya no se cumple que la actividad es igual a la concentración molar, por lo que (a_i) será diferente de (Ci). Es conveniente, entonces, utilizar una nueva función Υ, a la que se le denomina *coeficiente de actividad*, que no es más que una medida de la desviación de las propiedades de una solución cualquiera, con respecto a las propiedades de una solución ideal de la misma concentración.

Así obtenemos que:

$$a_i = \Upsilon C_i \quad (101)$$

Sustituyendo entonces, $a_i = \Upsilon C_i$ en la ecuación $\mu_i = \mu_i^\circ (T) + RT \ln a_i$, (92), obtendremos, para el caso de una solución real, la siguiente expresión:

$$\mu_i (id) = \mu_i^\circ (T) + RT \ln \Upsilon C_i \quad (100a)$$

Si le aplicamos las propiedades de los logaritmos, tendremos que:

$$\mu_i (id) = \mu_i^\circ (T) + RT(\ln \Upsilon + \ln C_i)$$

$$\mu_i (id) = \mu_i^\circ (T) + RT \ln C_i + RT \ln \Upsilon \quad (102)$$

Esta última ecuación expresa el *potencial químico* de forma general, para soluciones reales, que tienen pequeñas desviaciones respecto a las soluciones ideales, como por ejemplo las soluciones de líquidos no polares y no asociados.

El primer término $\mu_i(id)$ es el *potencial químico* de referencia estándar, correspondiente al componente (i) puro.

El segundo término, expresa el aporte propio de la *concentración* (Ci), al proceso de la difusión, y finalmente el tercer término, representa la desviación de las propiedades de la solución real, respecto a las de la solución ideal correspondiente y puede obtenerse restando la ecuación (100) de la (102).

$$\mu_i(id) = \mu_i{}^\circ(T) + RT\,ln\Upsilon \quad (103)$$

Si retornamos la ecuación $G = H - ST$ (32); entonces, de acuerdo a las propiedades de las magnitudes parciales $\overline{G}, \overline{H}$ y $\overline{S}$ que son también funciones de estado, se puede escribir que:

$$\overline{G} = \overline{H} - \overline{S}T$$

Pero de la definición rigurosa de $(\mu)_i$, se sabe que $\left(\mu_i = \overline{G_i}\right)$, luego entonces:

$$\mu_i = \overline{G} = \overline{H} - \overline{S}T \quad (104)$$

Según los resultados obtenidos en la ecuación anterior, podremos escribir la ecuación (104), como sigue:

$$\mu_i - \mu_i(id) = \left(\overline{H}_i - \overline{H}_i(id)\right) - T\left(\overline{S}_i - \overline{S}_i(id)\right) \quad (105)$$

Donde$\left(\overline{H}_i\right)$ y$\left(\overline{S}_i\right)$, son las magnitudes parciales de la *entalpía* y la *entropía*.

Evidentemente, las desviaciones de las propiedades de una solución real con respecto a las de la solución ideal correspondiente, se determinan por dos sumandos; el primero el térmico y el segundo el entrópico.

Como el calor de formación de las soluciones ideales de componentes líquidos es cero, el calor parcial $(\overline{Q}_i)$ del componente (i), en una solución real, será:

$$\overline{Q}_i = \overline{H}_i - \overline{H}_i(id) = \overline{H}_i - H_i° \text{ ya que } \overline{H}_i(id) = H_i°$$

Y, por lo tanto, el calor total de formación (Q), para un mol de solución real, de componentes líquidos será

$$: \quad Q = \sum C_i \, \overline{Q} \quad (106)$$

El segundo término de la ecuación (105), podemos expresarlo de la siguiente forma:

$$\overline{S}_i - \overline{S}_i(id) = \left(\overline{S}_i - S_i°\right) - \left(\overline{S}_i(id) - S_i°\right) \quad (107)$$

Para desviaciones pequeñas de las propiedades de las soluciones ideales, la variación de la *entropía parcial* de cada componente en su paso a la solución de una concentración dada, tiene el mismo valor que el correspondiente a una solución ideal, anulándose el término de la izquierda, quedando la ecuación como sigue:

$$\overline{S}_i - S_i° = \overline{S}_i(id) - S_i° \quad (108)$$

La variación total de la *entropía*, al formarse un mol de solución de componentes puros (ΔS) de la mezcla (ΔS_m), se obtiene sumando las magnitudes de la ecuación anterior, para una función homogénea de la composición:

$$\Delta S_m = \sum C_i \left(\overline{S}_i - S_i°\right) = \sum C_i \left(\overline{S}_i(id) - S_i°\right) \quad (109)$$

Las soluciones, para las cuales las ecuaciones (108) y (109) son válidas, se llaman soluciones regulares y fueron definidas por Hildehand desde 1929. La magnitud (Δ) es fácil de hallar en la práctica.

Diferenciando la ecuación (100) del *potencial químico* para soluciones ideales obtenemos:

$$d\mu_i\,(id) = d\mu_i° + RTd(TlnC_i)$$

$$d\mu_i\,(id) = RTd(TlnC_i) + RlnC_i\,(dT)$$

Como se considera T = Constante, entonces $dT = 0$ Por lo tanto:

$$d\mu_i\,(id) = RTd(lnC_i) = RTln\,d(C_i/C_i)$$

$$d\mu_i\,(id) = RT(ln\,dC_i) \quad (110)$$

Así se demuestra que, en las condiciones ideales, es decir, en ausencia de fuerzas de interacción entre las partículas, la variación del *potencial químico* en un proceso de difusión, es logarítmicamente proporcional a la variación de la concentración del componente (i):

Si diferenciamos la ecuación $\mu_i = \overline{G} = \overline{H} - \overline{S}T$ (104) obtendremos:

$$d\mu_i = d\overline{H}_i - Td\overline{S}_i - \overline{S}_i dT$$

Para condiciones de temperatura constante y en ausencia de interacciones (condiciones ideales), $\left(d\overline{H}_i = 0\right)$ y $(dT = 0)$; de modo que:

$$d\mu_i\,(id) = -Td\overline{S}_i$$

Relacionando las ecuaciones (110) y (111) tenemos que:

$$d\mu_i\,(id) = RTln\,dC_i = -Td\overline{S}_i$$

De donde, simplificando se obtiene:

$$Rln\,dC_i = d\overline{S}_i \quad (112)$$

Es decir, en condiciones ideales, la variación de la *entropía parcial* del componente (i):, es también logarítmicamente proporcional a la variación de la concentración en la difusión.

De acuerdo a las ecuaciones (110), (111) y (112), para condiciones ideales, o soluciones regulares, la variación de la *concentración* de un componente, representa la descripción cinemática de la difusión, dado que se corresponde con la tendencia al desorden (*entropía parcial*), que se produce durante este proceso. La *energía química* para el proceso de la difusión está determinada por el *potencial químico* de cada componente (i) que difunde.

El *gradiente de potencial químico* rige la dinámica de la difusión. Para el caso de las soluciones ideales, *todo el gradiente de potencial químico se trasforma en energía entrópica*.

En la medida en que la variación del *potencial químico* se convierta totalmente en *entropía*, durante un proceso de difusión, se podrá predecir cuantitativamente la cinemática y la dinámica de este proceso por la variación de la *concentración*.

Bajo estas condiciones ideales, se encuentra la relación directa y proporcional entre el *gradiente de potencial químico* y el *gradiente de concentración*; donde este último es la manifestación externa del fenómeno, mientras que el primero, es la causa esencial de la dinámica de la difusión.

La fuerza por mol (K) que actúa sobre una sustancia no ionizada en solución, es igual al valor negativo del gradiente de su *potencial químico*. Cuando el *potencial químico* cambia, solo a lo largo de una coordenada (X), el gradiente es la derivada respecto a la coordenada.

En este caso, la fuerza es

$$K = -\frac{d\mu_i}{dx} \quad (113)$$

De acuerdo a la ecuación $\mu_i = \mu_i^\circ(T) + RT \ln a_i$ (92), tenemos:

$$K = -\frac{d\mu_i}{dx} = -RT \ln \frac{da_i}{dx} \quad (114)$$

Para condiciones ideales, tal como se ha expresado en los párrafos precedentes, la variación de la concentración nos permite describir cinemáticamente el proceso de la difusión. De la ecuación $\mu_i(id) = \mu_i^\circ(T) + RT \ln C_i$ (100), la expresión (113) puede expresarse como:

$$K = -\frac{d\mu_i}{dx} = -RT \frac{d\ln C_i}{dx} = -\frac{RT}{C}\left(\frac{dC}{dx}\right) \quad (115)$$

Donde (dC/dx) es el *gradiente de concentración* en esa coordenada.

*La presencia de una fuerza actuando sobre una sustancia en una solución, hace que dicha sustancia se mueva. A ese movimiento se le llama **difusión** de sustancia.*

La velocidad (V) del movimiento de esta sustancia, estará relacionada con la fuerza (K) que lo produce, por medio de la movilidad generalizada (Ʊ):

$$V = \text{Ʊ}K = -\left(\frac{\text{Ʊ}RT}{C}\right)\left(\frac{dC}{dx}\right) \quad (116)$$

La movilidad generalizada es la velocidad de la sustancia por unidad de fuerza por mol, y se expresa en (cm/seg) / (dinas/mol).

El flujo (dn_i/dt) de la sustancia a través de una superficie (A), colocada perpendicularmente a la velocidad de la sustancia en movimiento, es el producto de la velocidad, de la concentración y del área:

El diferencial de flujo: $\frac{dn_i}{dt} = VCA = \textrm{Ʉ}K(CA)$ (117)

Sustituyendo K en la ecuación anterior, obtenemos:

$$\frac{dn_i}{dt} = \textrm{Ʉ}\left(-RT\frac{dC}{C\,dx}\right)CA$$

$$\frac{dn_i}{dt} = \textrm{Ʉ}RTA\frac{dC}{dx} \quad (118)$$

Si se considera ɄRT como el coeficiente de la difusión ($D = \textrm{Ʉ}RT$), se obtiene la ecuación de la primera ley de Fick (ecuación 72):

$$\frac{dn_i}{dt} = -DA\left(\frac{dC}{dx}\right)$$

De la ecuación (115), (116) y (118), se puede deducir que, a medida que transcurre el tiempo, durante el proceso de la difusión, por el propio movimiento de sustancias entre las fases, variará la *concentración* en cada fase.

La *concentración* del componente en la fase dispersante irá disminuyendo logarítmicamente, mientras que la concentración de ese mismo componente en la fase dispersa, irá aumentando logarítmicamente En estado de equilibrio, las *concentraciones* de ambas fases serán iguales. De la misma manera, la fuerza, la velocidad y el flujo de la difusión disminuirán logarítmicamente, hasta que se alcance el equilibrio, donde se hacen cero.

Una explicación termodinámica de lo descrito anteriormente, para un proceso de difusión en condiciones ideales, sería la siguiente:

LA FUERZA DE LA CONCENTRACIÓN

La *energía libre* disponible en el sistema para el proceso de la difusión, estará en los componentes de la fase de *mayor concentración*, esta fase es la que posee las condiciones para efectuar trabajo útil en el proceso, por lo tanto, es la fase cuyos componentes tienen *mayor potencial químico* y *menor entropía*.

Durante la difusión, la *energía libre* disminuirá, indicando la espontaneidad del proceso, cuya dirección y magnitud estará determinada por el *gradiente de potencial químico*, hasta anularse en el estado de equilibrio; desde la fase de mayor *potencial químico* a la de menor *potencial químico*.

Por el contrario, la *entropía* del componente de la fase dispersa, irá aumentando durante el proceso de difusión hasta alcanzar un máximo en el equilibrio, donde los *potenciales químicos* de las fases se igualan; cesa la difusión neta y se establece un equilibrio dinámico. En el equilibrio la *energía libre* y el *potencial químico* se estabilizan en un valor mínimo, para el proceso de difusión dado.

LAS CONDICIONES NO IDEALES

Tratemos de esclarecer las desviaciones que se presentan en las propiedades de las soluciones reales, de las propiedades de las soluciones ideales, a través de un análisis de las soluciones regulares, atermales y macromoleculares.

De las siguientes ecuaciones:

$$\mu_i(id) = \mu_i°(T) + RT \qquad (103)$$

$$\mu_i - \mu_i(id) = \left(\overline{H}_i - \overline{H}_i(\text{Id})\right) - T\left(\overline{S}_i - \overline{S}_i(id)\right) \quad (105)$$

Como para pequeñas desviaciones: (107) y (108)

$$\left(\overline{H}_i - \overline{H}_i(id)\right) = \overline{H}_i - H_i° = \overline{Q}_i \text{ y } \left(\overline{S}_i - \overline{S}_i(id)\right) = 0$$

Entonces se obtiene la ecuación (119):

$$\mu_i - \mu_i\left(\overline{H}_i - \overline{H}_i(id)\right) = \overline{H}_i - H_i{}^\circ = \overline{Q}_i = RT \, ln\Upsilon$$

Diferenciando la ecuación anterior se ve que:

$$d\overline{Q}_i = -RTln \, d\Upsilon = d\overline{H}_i \quad (120)$$

Las ecuaciones (112) y la anterior (120), definen termodinámicamente las soluciones regulares, y permiten el cálculo de la *entalpía* y la *entropía*, por la determinación experimental del *calor parcial de disolución* y la *concentración*, respectivamente. A través de la determinación de la *entalpía* se puede calcular fácilmente el coeficiente de la actividad (Υ)

Si diferenciamos la ecuación $\mu_i = \overline{G} = \overline{H} - T\overline{S}$ (104), obtenemos:

$$d\mu_i = dH_i - TS_i \quad (121)$$

Si sustituimos la ecuación (112) y la ecuación (120) en la ecuación (121), se obtiene:

$$d\mu_i = -RTln \, d\Upsilon - RTln \, dC_i \quad (122)$$

Si reagrupamos en la ecuación (112) tendremos que:

$$d\mu_i = -RT(ln \, d\Upsilon - ln \, dC_i)$$

Aplicando logaritmo:

$$d\mu_i = -RTln \, d(\Upsilon C_i)$$

Pero como de la ecuación (101) se conoce que: $a_i = \Upsilon C_i$

Obtendremos la siguiente ecuación:

$$d\mu_i = -RTln \, da_i$$

Que no es más que, la expresión diferencial de la ecuación general *del potencial químico*:

$$\mu_i = \mu_i{}^\circ \, (T) + RT \, ln \, a_i \quad (92)$$

Si comparamos los gradientes de los potenciales químicos de las soluciones regulares, (ecuación 122), con los gradientes de los potenciales químicos de las soluciones ideales, (ecuaciones 110), podemos ver que el término que las diferencia es el de la ecuación (120):

$$d\mu_i - d\mu_i(id) = -RT\ln d\curlyvee = d\overline{H}_i = d\overline{Q}_i$$

El cual representa la *variación del calor parcial de disolución* del componente (i) que difunde. Es decir, el *gradiente del potencial químico* de las soluciones regulares tiene, además del *componente entrópico*, representado por la *concentración*, un *componente entálpico*, que desvía su comportamiento en la difusión, del de las soluciones ideales. Por lo tanto, en las soluciones regulares, cuando se estudia su comportamiento cinemático y dinámico a través de la determinación experimental de las concentraciones, no se obtiene una descripción cuantitativa exacta del fenómeno de la difusión.

El *gradiente de potencial químico* describe, desde el punto de vista teórico, exactamente el proceso de la difusión, mientras que la *concentración* solamente lo describe en forma parcial. Por esto, las ecuaciones termodinámicas del *potencial químico,* permiten predecir teóricamente con exactitud, el comportamiento experimental de un proceso de difusión, mientras que a través del análisis de la concentración, esto no es posible.

El término que representa la desviación de las soluciones regulares del comportamiento ideal, desde el punto de vista cinético-molecular, es una manifestación de las interacciones moleculares que se producen en las soluciones regulares y que determinan el calor parcial de la disolución.

Cuando se establece un proceso de difusión, este factor influye en la misma, estableciéndose variaciones en la *energía de interacción* de las moléculas homogéneas y heterogéneas, si esta variación $(\overline{Q}_i)$ es pequeña y no provoca un incremento del número de pares moleculares con relación al medio estadístico, la prioridad energética de estos pares, es decir, su mayor atracción mutua, es insuficiente para entorpecer considerablemente el movimiento caótico, y su *entropía* de mezcla se aproxima a la de las soluciones ideales.

Analicemos ahora las soluciones atermales, cuyo calor de formación es igual a cero $(Qi = 0)$. La ausencia del calor de mezcla es característico para las soluciones ideales, pero ciertas soluciones no ideales pueden, en principio, tener esta propiedad.

De la ecuación (100) para condiciones ideales tenemos que, para las soluciones atermales:

$$\mu_i = \mu_i{}^\circ + RT \ln a_i \quad (123)$$

Que se puede expresar como:

$$\mu_i - \mu_i{}^\circ = RT \ln a_i \quad (123a)$$

Pero como:

$$\mu_i = \overline{G} = \overline{H} - T\overline{S} \quad (104)$$

La ecuación (123a) puede escribirse como:

$$\mu_i - \mu_i{}^\circ = \left(\overline{H}_i - H_i{}^\circ\right) - \left(\overline{S}_i - S_i{}^\circ\right) \quad (124)$$

Pero como, en las soluciones atermales el calor de formación es igual a cero $(Qi = 0)$ se tiene que:

$$Q = \sum C_i \left(\overline{H}_i - H_i{}^\circ\right) \quad (125)$$

Por tanto, la ecuación (124) queda como:

$$\mu_i - \mu_i{}^\circ = T\left(\overline{S}_i - S_i{}^\circ\right) = RT \ln a_i \quad (126)$$

De este modo, la variación del *potencial químico* de mezcla de las soluciones atermales se determina únicamente por *un componente entrópico*.

De la ecuación (126) se tiene que:

$$i - i° = RT \ln a_i = -T\left(\overline{S_i} - S_i°\right)$$

Sustituyendo $a_i = ɣC_i$ (101) Se obtiene que:

$$RT \ln ɣC_i = -T\left(\overline{S_i} - S_i°\right)$$

$$RT \ln ɣ + RT \ln C_i = -T\left(\overline{S_i} - S_i°\right)$$

Resolviendo la ecuación $R\ln dC_i = d\overline{S_i}$ (112) para condiciones ideales, se obtiene que:

$$-R\ln dC_i = S_i(id) - S_i° \quad (127)$$

Sustituyendo la ecuación (127) en la ecuación (107):

$$\overline{S_i} - \overline{S_i}(id) = \left(\overline{S_i} - S_i°\right) - \left(\overline{S_i}(id) - S_i°\right) \quad (107)$$

$$\overline{S_i} - \overline{S_i}(id) = \left(\overline{S_i} - S_i°\right) + R\ln dC_i$$

Despejando:

$$\left(\overline{S_i} - S_i°\right) = \left(\overline{S_i} - \overline{S_i}(id)\right) - R\ln dC_i \quad (128)$$

De la ecuación (123a) y (126) se tiene que:

$$\mu_i - \mu_i° = RT \ln a_i = -T\left(\overline{S_i} - S_i°\right) \quad (129)$$

Sustituyendo la ecuación (128) en la ecuación (129) obtenemos:

$$RT \ln a_i = -T\left[\left(\overline{S_i} - \overline{S_i}(id)\right) - R\ln dC_i\right]$$

Resolviendo el corchete y ordenando los términos:

$$RT \ln a_i = -T\left(\overline{S_i} - \overline{S_i}(id)\right) + RT\ln dC_i$$

$$RT \ln a_i - RT\ln dC_i = -T\left(\overline{S}_i - \overline{S}_i(id)\right)$$

Sustituyendo $a_i = \Upsilon C_i$

$$RT \ln \Upsilon C_i - RT\ln dC_i = -T\left(\overline{S}_i - \overline{S}_i(id)\right)$$

Aplicando las propiedades del logaritmo tenemos:

$$RT \ln \Upsilon = -T\left(\overline{S}_i - \overline{S}_i(id)\right) \quad (130)$$

La variación de potencial químico de mezcla y los coeficientes de actividad de los componentes de las soluciones atermales se determinan solamente por el término entrópico.

Estas soluciones se desvían del comportamiento ideal, a consecuencia de la marcada diferencia del tamaño de las moléculas de sus componentes, que además provocan que los volúmenes moleculares sean diferentes. Esto trae consigo, desviaciones negativas de las propiedades de las soluciones ideales, es decir, *excesos positivos de entropía*. Las soluciones atermales vistas como caso general, son extremos, a los cuales están cercanas las soluciones de componentes no polares, cuyos volúmenes moleculares se diferencian mucho.

La teoría de las soluciones atermales, en una serie de casos, predice con exactitud las propiedades de las soluciones reales. Muchas soluciones de sustancias macromoleculares en solventes habituales, están cercanas a las de las soluciones atermales; en ellas, las moléculas de las sustancias disueltas son cientos y miles de veces más grandes que el solvente.

La predicción exacta del comportamiento de las soluciones atermales, desde el punto de vista termodinámico, que se expone a continuación a través de un ejemplo, demuestra la eficiencia que tiene este enfoque en la descripción de los procesos de difusión, en contraste con el enfoque clásico que utiliza la *concentración*.

El ejemplo ilustra el cálculo del coeficiente de actividad (γ) del heptano en sus mezclas con el hexadecano. En la gráfica

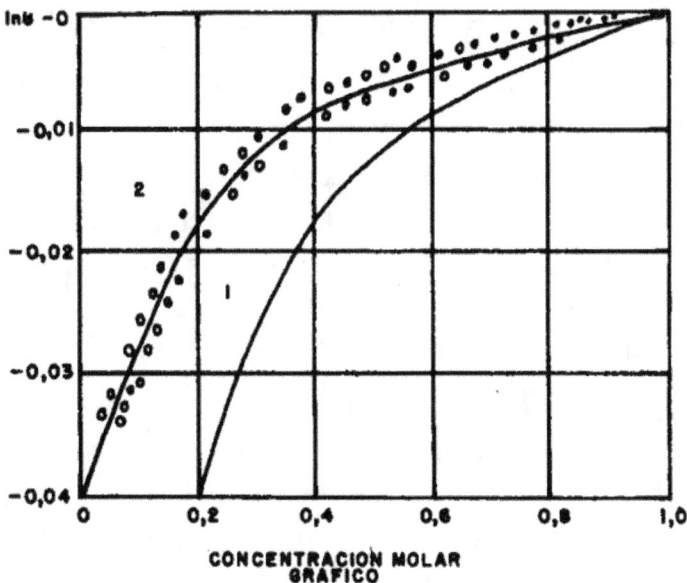

CONCENTRACIÓN MOLAR
GRÁFICO

se muestra la dependencia del logaritmo del coeficiente de la actividad ($ln\gamma$), de la composición de la solución.

Las curvas 1 y 2 muestran los resultados del cálculo teórico; en el primer caso (1) el cálculo se ha efectuado teniendo en cuenta solo la *concentración*, mientras que en el segundo caso (2), se añadió en la fórmula el término de corrección, que tiene en cuenta el *pequeño calor de formación de solución* (50 calorías/mol). Los valores experimentales del ($ln\gamma$) se muestran con los círculos. Como se observa en la gráfica, en el segundo caso (2) el cálculo teórico coincide con bastante exactitud con los datos experimentales.

Una particularidad de las soluciones macromoleculares, ya señalada, es la gran diferencia del tamaño de las moléculas de las sustancias disueltas y del solvente. A consecuencia de esto, una serie de propiedades de las soluciones de sustancias macromoleculares tienen características específicas; aunque cumplen de forma general las regularidades termodinámicas estudiadas anteriormente: *espontaneidad de formación y estabilidad termodinámica.*

En muchos casos el *calor de formación* (Q_p) de estas soluciones es mayor o menor que cero, es decir, cuando difunden, algunas desprenden calor $(Q_p < 0)$ y otras lo absorben $(Q_p > 0)$. Es característico, que el *calor de disolución* de ellas no dependa de la *concentración de la solución.* De esta manera, las soluciones macromoleculares son parecidas a las atermales, donde su desviación termodinámica está dada por el denominado *término entrópico* $(\gamma \ll 1)$.

Otras peculiaridades de estas soluciones son las siguientes:

- A pesar del gran tamaño de sus moléculas, respecto al solvente, su movimiento es análogo al *movimiento browniano.*
- Por su gran tamaño tienen dificultades para difundir a través de membranas dializadoras.
- Aunque su concentración en peso sea muy grande, su número de partículas es pequeño (*concentración molar*) y, por tanto, ejercerán una baja presión oncótica[4].
- Reacciones químicas lentas.
- Posibilidad de formación de complejos moleculares variados.
- Velocidad de difusión pequeña, al igual que los sistemas coloidales típicos.

En general, podemos decir que *las soluciones macromoleculares presentan propiedades tanto de las*

---

[4] La presión oncótica o coloidosmótica es una forma de presión osmótica debida a las proteínas plasmáticas que aparece entre el compartimento vascular e intersticial

soluciones verdaderas, como de las coloidales, aunque se diferencian netamente de estas últimas.

Dentro de las soluciones macromoleculares, las soluciones de polímeros poseen algunas propiedades que casi no se observan ni en las disoluciones ordinarias, ni en los coloides hidrófobos; tales como, *hinchamiento, tixotropía*[5], *sinéresis*[6], y también una serie de propiedades mecánicas particulares (reológicas[7]).

Los fenómenos-más interesantes se observan en el proceso de interacción (difusión), al ponerse en contacto el polímero con el solvente; debido a la gran cantidad de átomos que contienen las macromoléculas.

El proceso de difusión en los polímeros, va acompañado siempre por un fenómeno especial llamado *hinchamiento*. En sentido general, este es un proceso de *adsorción espontánea* en el polímero de grandes cantidades del líquido, cuya masa molecular es baja. Esto produce un aumento considerable en el volumen de las cadenas del polímero, como ocurre, por ejemplo, en la gelatina, la cual, aumenta su volumen en 14 veces.

En muchos casos, el polímero *"hinchado"*, que constituye conjuntamente con el líquido libre un sistema heterogéneo, al

---

[5] Tixotropía es la propiedad de algunos fluidos no newtonianos y pseudo plásticos que muestran un cambio de su viscosidad en el tiempo; cuanto más se someta el fluido a esfuerzos de cizalla, más disminuye su viscosidad. Algunos geles y coloides se consideran materiales tixotrópicos, pues muestran una forma estable en reposo y se tornan fluidos al ser agitados.

[6] La Sinéresis es la separación de las fases que componen una suspensión o mezcla

[7] La Reología describe la deformación de un cuerpo bajo la influencia de esfuerzos, no está limitada a los polímeros, se puede aplicar a todo tipo de material, sólido, líquido o gas.

absorber el disolvente se convierte en un sistema homogéneo, es decir, en una disolución verdadera.

Por consiguiente, el *hinchamiento* no es más que la *primera etapa de difusión del polímero* en el líquido. Esto se explica por los grandes tamaños y la forma de hilo de sus moléculas, lo que da lugar a una baja velocidad en el movimiento de las moléculas del polímero en el disolvente.

Cuando difunden entre sí dos sustancias de baja masa molecular, como poseen dimensiones análogas y velocidades de difusión del mismo orden, se interpenetran completamente y con bastante rapidez.

En el polímero tiene lugar otro fenómeno, las velocidades de difusión resultan incomparables con las del líquido, pues son más rápidas, penetran en el polímero, mientras que, las macromoléculas de baja movilidad no pueden penetrar fácilmente el disolvente. Solamente después, de *"hinchado"*, cuando sus moléculas se separan suficientemente, estas empiezan, lentamente, a penetrar la capa del disolvente. Por lo tanto, todo el proceso de difusión del polímero puede dividirse en cuatro etapas:

Etapa inicial: Sistema heterogéneo de dos fases, líquido puro de baja masa molecular y el polímero puro.

Etapa de hinchamiento: Se forman dos fases líquidas, disolución del componente en el polímero (polímero hinchado o jalea), y la otra fase de líquido puro.

Etapa de formación de la segunda disolución: Dos fases, una es la jalea y la otra es la disolución del polímero en el líquido.

Etapa de disolución completa: Se convierte el sistema heterogéneo (bifásico), en un sistema homogéneo.

No todas las sustancias alcanzan las cuatro etapas de difusión debido a su coeficiente de solubilidad; dado que, las que son totalmente miscibles, llegan hasta la disolución completa, mientras que, las parcialmente miscibles presentan un limitado *hinchamiento* que no llega a alcanzar la cuarta etapa y se mantiene en las dos fases.

El fenómeno del *hinchamiento*, es un proceso exotérmico, o sea, siempre se acompaña de desprendimiento de calor, que se llama *calor de hinchamiento*. El hinchamiento de los polímeros elásticos siempre va acompañado por otro fenómeno característico, *la presión de hinchamiento*, que es la resistencia ejercida por el polímero cuando se hincha, a los esfuerzos para detener el aumento de volumen. Las mediciones experimentales indican que estas presiones de hinchamiento pueden llegar a ser muy grandes, alcanzando en ciertos casos un valor de decenas y centenares de atmósferas, es decir, presiones similares a las existentes en el interior de las calderas de vapor. Es precisamente por esta presión de hinchamiento, que la difusión permite convertir la energía química directamente en energía mecánica en la *Máquina de Katchalsky*.

LA MÁQUINA DE KATCHALSKY

Dentro de los seres vivos, el órgano donde transcurre la transformación de la energía química directamente en energía mecánica, es un sensacional logro evolutivo natural, **el músculo**.

La máquina de Katchalsky es un modelo biónico que simula de manera sencilla al músculo; su analogía está presente incluso, en el efecto final, la *concentración*.

El elemento activo de este modelo es una proteína, la colágena. Esta sustancia se encuentra en la piel y ligamentos de los organismos vivos y se utiliza en cirugía como hilo de sutura, el cual, se le denomina comúnmente como "intestinal o catgut".

Las fibras de colágena seleccionadas para construir la máquina son muy finas, de una décima de milímetro aproximadamente. El colágeno tiene normalmente una estructura helicoidal, un poco parecida a la de un resorte en hélice. Colocando esta fibra en una solución salina de Bromuro de Litio, la misma se contrae fuertemente y es capaz de elevar una carga que pese mil veces su peso. Lavándola enseguida con agua pura, el Bromuro de Litio se elimina por difusión, y la fibra vuelve a tomar su longitud primitiva. No se desgasta en absoluto en este proceso, por lo que se le puede hacer contraer y alargar indefinidamente.

La fibra de colágeno se encuentra situada en un tubo, atada a su extremo inferior y tensada mediante un peso determinado, a través de una correa que pasa por una polea. Esta polea está provista de otra correa, que le permite accionar alternativamente dos válvulas. La máquina química se pone en movimiento, abriendo manualmente una de las válvulas, con lo cual la solución de bromuro de litio llena el tubo en que se encuentra tensa la fibra de colágeno. Esta se contrae, eleva el peso y hace girar la polea, con lo que la válvula que regula la entrada de la solución de bromuro de litio se cierra y simultáneamente se abre la válvula de entrada dc agua pura. El agua reemplaza la solución salina y la fibra se dilata, girando la polea en sentido contrario; abriéndose de nuevo automáticamente la válvula de solución de litio. El funcionamiento del mecanismo se repite y continúa así indefinidamente, al menos, mientras los depósitos no se vacíen. Esta realización biónica es una especie de *autoscilador isotérmico* de un tipo bastante especial, con buen rendimiento energético.

La máquina muscular de Katchalsky, que funciona aprovechando la energía química, es capaz de alcanzar 40

LA MAQUINA DE KATCHALSKY

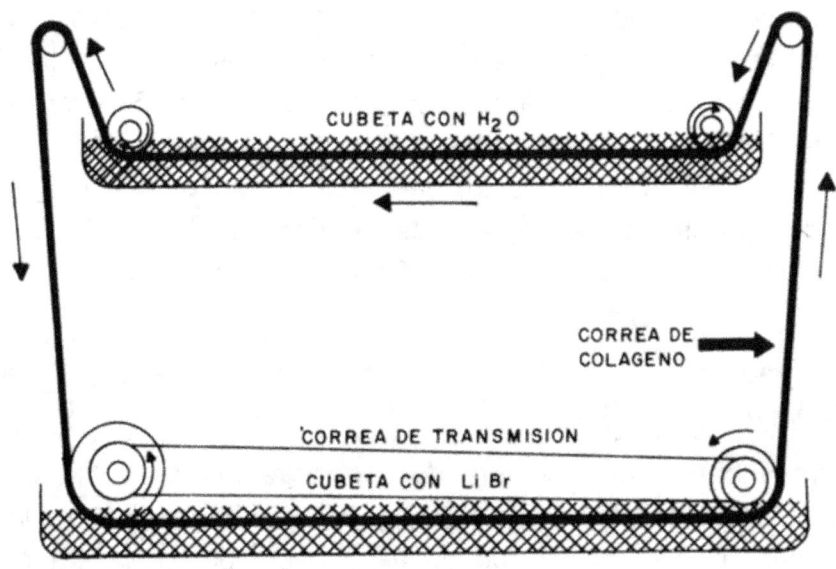

rpm bajo carga cero, a una temperatura de 23 °C, con una potencia máxima de 0.03 watts/gramos de colágena.

Katchalsky, presidente de la Academia de ciencias de Israel en 1940, expresó:

"Aún los más fervientes admiradores del proceso tecnológico contemporáneo confiesan que el cuerpo vivo no ha sido igualado en el extremo ingenio de su construcción y funcionamiento. La mejor prueba de ello es que, bajo condiciones muy variadas, los organismos vivientes se las han arreglado para sobrevivir durante más de tres mil millones de años de evolución,".

¿Es realmente la *fuerza de la concentración* la que hace mover la máquina de Katchalsky?

INDUDABLEMENTE NO.

Con el estudio termodinámico de las disoluciones, se han esclarecido muchos aspectos relacionados con esto. Después de considerar los casos de soluciones ideales, donde son fácilmente apreciadas, en forma sencilla, las relaciones termodinámicas de las soluciones; así como, al analizar las soluciones regulares y atermales, que permiten apreciar las verdaderas causas que desvían dichas soluciones de la idealidad y finalmente, describiendo el comportamiento de las soluciones macromoleculares con las propiedades de las presiones de hinchamiento de los polímeros elásticos, podemos afirmar que:

La fuerza química que hace mover esta máquina es, en rigor, el gradiente de potencial químico y no la diferencia de concentración.

Sin embargo, el *gradiente de concentración* es la fuerza química principal que origina el flujo de la difusión, pero no la única. El *gradiente de potencial químico*, por el contrario, representa en sí, todas las fuerzas químicas que determinan la difusión, de este modo, la ley de Fick para la concentración es, un caso particular del *gradiente de potencial químico*.

De la Máquina de Katchalsky a la Difusión Electrolítica.

Si se observan en detalle los elementos que estructuran la máquina de Katchalsky, se evidencia que la causa esencial de su funcionamiento no depende solamente de la fuerza química. El proceso de la difusión, como fuerza motriz de la máquina isotérmica, se origina por el desequilibrio permanente que se impone al mezclar un polímero proteico, una sal iónica y el agua. Sin lugar a dudas, en la difusión que se establece, están presentes elementos con carga eléctrica que, de una manera u otra, intervienen como fuerzas electromotrices.

Así, la difusión, como proceso a través del cual se realiza la transformación energética en esta máquina, incluye, además de la fuerza química, a las fuerzas eléctricas. Seguramente, un estudio de la difusión electrolítica ayudaría a entender de una manera más cabal las causas esenciales del funcionamiento de la máquina isotérmica de Katchalsky.

Este tipo de difusión, que se refiere a los iones, y reviste una gran importancia para los organismos vivos, puesto que una variada gama de iones recorre constantemente nuestro cuerpo, participando de manera activa en el mantenimiento de la homeostasis. Su importancia llega a ser vital, ya que una variación de sus concentraciones, dentro de un rango estrecho, puede conducirnos a la muerte. Tales iones circulan dentro de nuestro cuerpo, a través de los múltiples canales y tortuosos laberintos que conforman la configuración coloidal de nuestro medio interno.

En el estado coloidal, surgen también fenómenos de cargas eléctricas, como resultado de la complementación del núcleo del coloide, con iones afines al electrolito presentes en la disolución coloidal. Así mismo, existen otros factores energéticos inter actuantes, como las tensiones superficiales dadas por el desequilibrio de las fuerzas de atracción molecular, produciéndose una atracción unilateral dentro de las fases, formándose así, la llamada *energía libre de superficie*. Esta *energía de superficie* trae consigo, entre otros, los fenómenos de adsorción molecular y iónico. También se dan en los coloides los fenómenos de *coagulación*, que no son más que estados o transformaciones del *SOL* a *GEL*.

La mayoría de los coloides orgánicos son más estables que los coloides inorgánicos, ya que los coloides orgánicos, además de la carga eléctrica, poseen una envoltura de agua.

Esta envoltura les brinda una «protección» que dificulta el fenómeno de la coagulación y se conoce con el nombre de *"protección coloidal"*.

El estado coloidal se caracteriza por ser un sistema de dispersión micro heterogéneo, donde existe una distribución no homogénea de partículas coloidales. Ellas se mueven en los microvolúmenes del coloide, generando uniones y separaciones temporales, que pueden verse en diferentes momentos dentro del campo de visión de un microscopio. A causa del movimiento caótico o térmico de las partículas, se producen desigualdades en su número y en tales microvolúmenes, pueden dar lugar, en un instante, a una *fluctuación* de la densidad.

La *fluctuación*, como fenómeno, ocurre en los gases y en los líquidos, pero en los sistemas coloidales es donde más fácilmente puede constatarse. Este fenómeno es inverso a la difusión. Si en la difusión ocurre dispersión espontánea y tendencia a la igualdad de las concentraciones, por el contrario, en la *fluctuación* se produce *una perturbación en la concentración*, es decir, una agrupación de las partículas.

Mientras que, la difusión como proceso espontáneo, según la segunda Ley de la Termodinámica, es irreversible, la fluctuación indica que esta ley tiene un carácter estadístico y es inaplicable a partículas individuales o aisladas. Así, la contradicción que existe entre *difusión y fluctuación*, revela que las mismas constituyen un par dialéctico de la naturaleza.

Las peculiaridades de los sistemas integrales, como los coloidales, están determinadas por la existencia de cualidades resultantes de la propia integración y de la formación del sistema, que no se reducen únicamente a la suma de las propiedades de sus partes.

Los estados coloidales son extraordinariamente complejos y difíciles de abordar, tanto en los aspectos teóricos como experimentales y requieren de métodos especiales para su estudio. Ellos son la base estructural de los organismos vivos y tal parece, que la esencia y los enigmas de los estados coloidales son, precisamente, la propia esencia y enigma de la vida.

La difusión en los organismos vivos, es decir, en los estados coloidales que además poseen fronteras de difusión a través de membranas selectivas, permiten explicar muchos de los aspectos esenciales que lo caracterizan. En dichas membranas, la resultante de las fuerzas difusivas está dada, por el *gradiente de potenciales electroquímicos* o *"potenciales de difusión"*; donde se conjugan los aspectos energéticos del *potencial químico*, con las *fuerzas eléctricas* que rigen el comportamiento de los iones.

El desequilibrio termodinámico que caracteriza a los organismos vivos, como sistemas abiertos, en el que participan los fenómenos de permeabilidad selectiva de la membrana y los *potenciales de difusión*, traen consigo la aparición del *Potencial de Membrana*, el cual representa un estado de equilibrio estacionario de reposo. Las desviaciones de este estado de equilibrio estacionario, provocadas por estímulos externos, generan en las células nerviosas y musculares un cambio dinámico de este potencial, el *Potencial de Acción*.

La frecuencia de aparición y otros aspectos de estos *potenciales de acción*, constituyen una expresión de la codificación de la información de los seres vivos y son una manifestación del orden propio de la vida.

El estudio del fenómeno de la difusión en estos sistemas, cada vez más complejos, permitiría explorar un poco más profundamente las causas fisiológicas esenciales que rigen la *homeostasis* de los sistemas funcionales en los seres vivos. Para esto ahora, sería necesario continuar con el análisis de la difusión de los iones

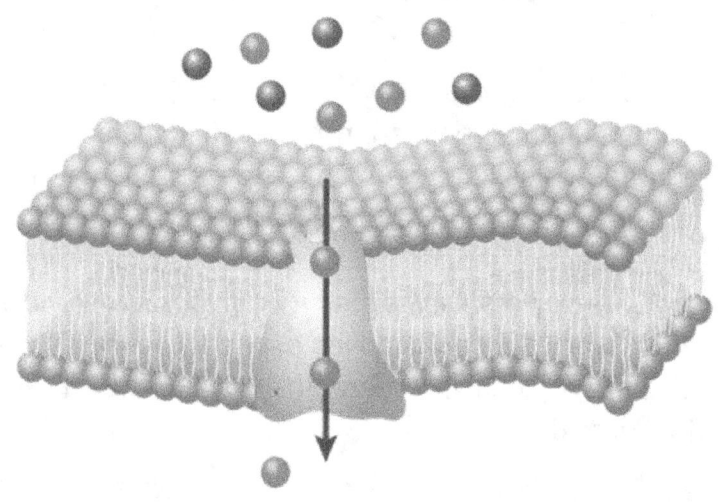

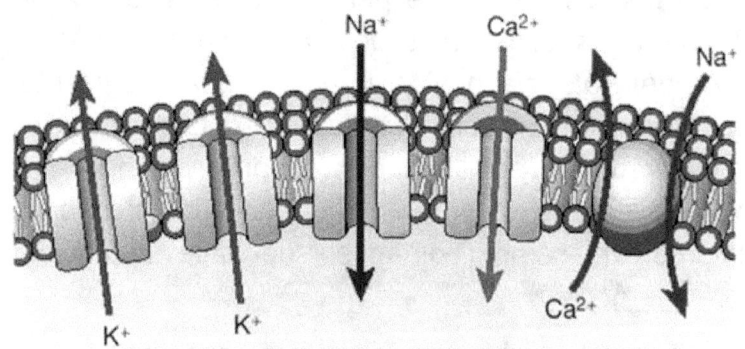

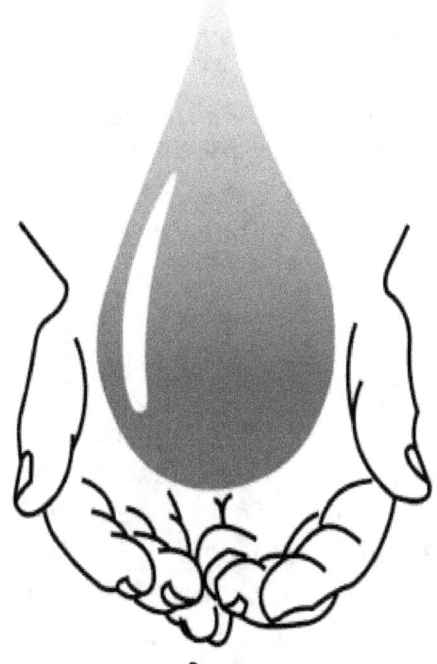

EPÍLOGO

"Puede ser que toda la verdad esté encerrada en una sola gota de agua; pero ello no implica que la comprendamos bebiéndonos un vaso".

Continuación de la fábula de Esopo inconclusa:

"...pero al final el pueblo le gritó:

-¿Y Ceres? ¿Qué hizo Ceres?

- Ceres - dijo en tono grave Démades- se quedó en la orilla esperando que le prestasen atención a lo muy importante que tenía que decir."

REFERENCIAS BIBLIOGRÁFICAS.

1. Babinski E. "Introducción al estudio de la Fisiología". Ed. Salvat. Barcelona. España. 1978.
2. Bernard Claudio "Fisiología General y Medicina Experimental", Libro XXII. Biblioteca Científico-Literaria Madrid. España 1978.
3. Bokshtein B.S. "Difusión en Metales". Ed. MIR. Moscú. URSS 1980
4. Bronshtein I. Semendiaer. K. "Manual de Matemáticas para Ingenieros y estudiantes". Ed. Moscú 1973. '
5. Castro Ruz F. "Conclusiones en el Claustro Extraordinario de Profesores del ISCM de la Habana" Ed. Política. La Habana. Cuba. 1982.
6. Cersaman E. Branchfel D.N. "Termodinámica del Corazón y del Cerebro" Consejo Nacional de Ciencia y Tecnología. México 1982.
7. Daniels F. Albertis R.A. "Fisicoquímica" Ed. Pueblo y Educación. Tercera reimpresión. Habana Cuba 1979.
8. Engels F. "Dialéctica de la Naturaleza" Ed. Austral LIDA. Santiago de Chile. Chile. 1972.
9. Farrington B. "¿Qué dijo realmente Darwin?". Ed. Inst. Cubano del libro. Cuba. 1974.
10. Fiodorov N.M "Fundamentos de Electrodinámica". ED. MIR Moscú. 1982.
11. Frankel F. "DNA. El proceso dc la vida". Ed. Científico Técnica. Habana. Cuba. 1977.
12. Frodorov M. "Química coloidal" Ed. Pueblo y Educación Tercera reimpresión. 1983.
13. Galambos R. "Nervios y Músculos". Ed. Universitaria. Buenos Aires. Argentina. 1964.
14. Ganong W. "Fisiología Médica" Ed. El Manual Moderno S.A de C.V. México. 1982.

15. Gerardín L* "La Biónica". Ed. Guadarama. S.A. México. 1968
16. Guerasimo Y. Dreving V. Eriomine N. Kiseloyv A. Lebedev V. Panchenkor G. Salingin A. "Curso de Química Física". Tomo I y II Ed. MIR. Moscú 1980.
17. Guilbatfd G. "La Cibernética" Ed. Universitaria. La Habana. Cuba 1965.
18. Guyton A. "Tratado de Fisiología Médica" Ed. Pueblo y Educación. 6ta. Ed. 1984.
19. Infeld. L. "¿Qué dijo realmente Einstein?". Ed. Instituto Cubano del Libro. Habana. Cuba. 1973.
20. Irodov. I. E. "Leyes fundamentales de la Mecánica" Ed. MIR. Moscú. 1981.
21. Jurquin Y. "Bueno ¿Y Qué?" Ed. MIR. Moscú 1973.
22. Kikoin I. Kikoin A. "Física Molecular" Ed. MIR. Moscú - 1971.
23. Kitaigorodski, A. I. "Introducción a la Física". Ed. - MIR. Moscú. 1975.
24. Kitaigorodski, "El orden y el desorden en el mundo del átomo" Ed. Lautaro. Argentina 1961.
25. Krasnov M.L Kiseliov A. I Makarenko G. I "Análisis Vectorial" Ed. MIR. Moscú 1981.
26. Krichevski I.R Petrianovl. V. "Termodinámica para mucho. Ed. MIR. Moscú 1980.
27. Landau L. Kitaigorodski A "Física para todos" Ed. MIR - Moscú 1963.
28. Lara Rosa A. González M. "Química para Ingenieros" Ed. Pueblo y Educación. Habana. Cuba. 1973.
29. Lehninger A. "Bioquímica" Ed. Omega. España 1978.
30. Markushevich A.I "Áreas y logaritmos". Ed. MIR. Moscú. 1975.

31. Mezentsev. "Enciclopedia de las Maravillas". Ed. MIR Moscú 1981.

32. Mountcastle V. "Fisiología Médica" Vol.I. Ed. C. Mosby México. 1977.

33. Mountcastle V. "Fisiología Médica". Vol. II, Ed. C. Mosby México 1977.

34. Nobik I. "Sociedad y Naturaleza" Ed. progreso. Moscú - 1982.

35. Pekelis A. "Mezcla Cibernética" Ed. MIR. Moscú. 1973.

36. Perelman Y. "Física recreativa" Tomo I. Ed. MIR. Moscú 1968.

37. Perelman Y. "Física recreativa". Tomo II. Ed* MIR. Moscú. 1969.

38. Pérez D. "Fundamentos de la Física Química" Ed. Pueblo y Educación Habana. Cuba. 1975.

39. Perry J. "Manual del Ingeniero Químico". Ed. Uthea. México 1959.

40. Petrianov. I.V " La sustancia más extraordinaria en el mundo" Ed. MIR. Moscú 1975.

41. Petrovich N. "Hablemos sobre informática" Ed. MIR Moscú. 1976.

42. Ruíz S. Vega G. Ferrat A. "Física molecular y termodinámica" Ed. Pueblo y Educación. Habana. Cuba. 1979.

43. Schottelius R. "Fisiología" Ed. Interamericana. Méxlco 1975.

44. Schuster S. "Física y Química de la Vida". Ed. Madrid - España. 1975.

45. Selkurt E.E "Fisiología" Ed. El Ateneo. Buenos Aires. Argentina 1975.

46. Sena L.A "Unidades de las magnitudes físicas y sus dimensiones" Ed. MIR ^Moscú 1979.

47. Serquéiev B. "Fisiología Recreativa" Ed. MIR. Moscú 1973.
48. Scolovski I.S "Universo, Vida, Intelecto". Ed. MIR. Moscú. 1976.
49. Smorodinski Y. "La temperatura" Ed. MIR. Moscú 1981.
50. Sardá M.J "Elementos de Fisiología" Tomo I Ed. Científico Médica. México. 1967.
51. Sushkov A. "Termodinámica Técnica" Ed. MIR. Moscú 1971.
52. Terlietski Y.P "Física Estadística" Ed. Ciencia y Técnica La Habana. Cuba. 1971.
53. Vasiliev M. Gúschev S. "Reportaje desde el siglo XXI Ed. Científico Técnica. Habana. Cuba. 1979.
54. Wolff H.S "Ingeniería Biomédica" Ed. Guadarama. México 1968.
55. Yavorski B.M Detlaf A.A. "Manual de Física" Ed. MIR Moscú 1965.
56. Zabialov V. "Fisiología General de la Tejidos Excitables. Ed. Ciencia y Técnica Habana. Cuba. 1975.

ACERCA DE LOS AUTORES

En el momento en que se escribió este texto los autores ostentaban los siguientes títulos

Dr. Israel Jesús García Guirado. Médico docente y Especialista de Primer Grado en Fisiología Normal y Patología del Instituto de Ciencias Básicas y Preclínicas "Victoria de Girón" del Instituto Superior de Ciencias Médicas de la Habana "Carlos J. Finlay".

Ing. Emilio Jesús Sánchez Patino. Ingeniero Electrónico, Especialista en Control Automático, e investigador del Grupo de Análisis de Proteínas del Hospital Provincial Clínico-Quirúrgico de Pinar del Río.

Lic. Nicolás Sotelo Rodríguez. Licenciado en Pedagogía en la rama de la Física; y docente del Departamento Metodológico de la Facultad de Ciencias Médicas de Pinar del Río del Instituto Superior de Ciencias Médicas de la Habana "Carlos J. Finlay".

NOTA: La imagen del autor que aparece en la contraportada es de la época en que se escribió la versión del libro en forma dc folleto, impresa en 1989. El primer autor, contaba entonces con 33 años, el ingeniero con 35 años y el licenciado con 27 años de edad.

www.ingramcontent.com/pod-product-compliance
Lightning Source LLC
Chambersburg PA
CBHW062325290526
45794CB00005B/1908